Black Arrow – Diamant - OTRAG

Die nationalen europäischen Trägerraketen

Edition Raumfahrt

Black Arrow – Diamant - OTRAG

Die nationalen europäischen Trägerraketen

Edition Raumfahrt

Bibliografische Information der Deutschen Nationalbibliothek: Die Deutsche Nationalbibliothek verzeichnet diese Publikation in der Deutschen Nationalbibliografie; detaillierte
bibliografische Daten sind im Internet über
http://dnb.d-nb.de abrufbar.

Edition Raumfahrt
© 2009-2014 Bernd Leitenberger
http://www.raumfahrtbuecher.de
Herstellung und Verlag: BoD - Books on Demand, Norderstedt
2. Auflage 2014
ISBN-13: 978-3735762276

Inhaltsverzeichnis

Vorwort	6
Anmerkungen zu den Daten	7
Die Aufholjagd bei den Technologien	9
Erdumlaufbahnen	14
Diamant	16
Die Topaze, Rubis, Emeraude und Saphir	16
Diamant A	20
Diamant B	31
Diamant BP.4	38
Black Arrow	47
Entwicklungsgeschichte	49
Die Testflüge	51
Wasserstoffperoxid – ein ungewöhnlicher Treibstoff	54
Das Gamma Triebwerk	58
Die Technik der Black Arrow	60
Pläne für eine Leistungssteigerung	68
OTRAG-Rakete	73
Die Entstehung der OTRAG	73
OTRAG und die Politik	77
Die OTRAG Rakete	92
Entwicklungsgeschichte	112
Starts der OTRAG-Rakete	115
Woran scheiterte die OTRAG?	118
Diskussion	121
Das CSG	134
Installationen für die Diamant	137
Abkürzungsverzeichnis	140

Vorwort

Ich bin ein überzeugter Anhänger der Ariane und stolz darauf, was Europa mit dieser Rakete erreicht hat. Die in diesem Buch beschriebenen nationalen Träger, die französische Diamant und die britische Black Arrow zeigen auch exemplarisch, wie Raketenentwicklungen aber auch verlaufen können. Der fehlende politische Wille bei der Black Arrow führte dazu, dass sich England hinsichtlich der Raketentechnik heute hinter Entwicklungsländern und seinen ehemaligen Kolonien einreihen muss. Der Gegensatz dazu ist Frankreichs unbedingtes Bestreben nach einem unabhängigen Zugang zum Weltraum – unabhängig von den entstehenden Kosten.

Dieses Buch wäre nicht ohne fremde Unterstützung zustande gekommen. Thomas Jakaitis und Ralph Kanig haben sich dem Manuskript angenommen und es zur Korrektur gelesen. Michel Van hat Grafiken für dieses Buch erstellt.

Das Buch behandelt jede Rakete als abgeschlossenes Kapitel für sich. Die einzelnen Abschnitte können einzeln gelesen oder nachgeschlagen werden. Sofern eine Rakete eine Weiterentwicklung eines bestehenden Modells ist, werden lediglich die Veränderungen besprochen. Jedes Kapitel hat eine einheitliche Struktur. Die Entwicklungs- und Einsatzgeschichte bildet den Anfang, es folgt eine ausführliche Beschreibung der Technologie, und den Abschluss bilden nicht umgesetzte Projektstudien. Auch habe ich bewusst auf die Beschreibung von Raketen verzichtet, die nicht zu einer Trägerrakete führten, auch wenn sie entwicklungsgeschichtlich wichtig waren, wie die deutsche A4 oder die französische Véronique. Keine Erwähnung finden ausschließlich militärisch eingesetzte Raketen.

Den Installationen in Kourou und dem Bodennetzwerk ist ein eigenes Kapitel gewidmet, welches chronologisch den Ausbau des europäischen Weltraumbahnhofs CSG (Centre Spatial Guyanais) in Französisch-Guayana beschreibt.

Von den meisten frühen Trägerraketen liegt heute kein Bildmaterial in digitaler, hochauflösender Form vor. Für dieses Buch musste ich oft auf gedruckte Dokumente zurückgreifen und diese einscannen. Die Abbildungen entsprechen daher nicht immer dem heutigen Standard. Ich bitte, diesen Umstand zu entschuldigen.

Neu in der zweiten Auflage ist ein Kapitel über die OTRAG. Ich überlegte lange Zeit, ein eigenes Buch über diese Rakete zu schreiben, auch weil sie in vielen Aspekten von den anderen Trägern abweicht. Die anderen Kapitel wurden in der neuen Auflage vor allem auf Rechtschreibfehler untersucht und nur wenig angefügt.

Anmerkungen zu den Daten

Es existieren zu fast allen Trägerraketen leicht schwankende technische Angaben. Diese beruhen neben dem nachlässigen Umgang mit Zahlenmaterial vor allem auf unterschiedlichen Sichtweisen. So ist zum Beispiel oft unklar, ob das angegebene Leergewicht einer Raketenstufe dem Trockengewicht oder dem Gewicht nach Brennschluss (mit Treibstoffresten, Flüssigkeiten und Gasen) entspricht. Sofern es möglich war, habe ich dies aufgeschlüsselt. Weiterhin habe ich mich bemüht, Zahlen über Entwicklungskosten und Startpreise zusammenzutragen. Dabei gab es jedoch zwei Probleme – wechselnde Währungsangaben (DM, Pfund, Dollar, Accounting Units) mit variablen Umrechnungskursen und die Inflation, die vor allem in den Siebziger Jahren sehr hoch war.

Die NASA berechnet den Wertverlust anhand der Veränderung des Bruttoinlandsproduktes. So entspricht 1 Dollar des Jahres 2000 genau 0,583 Dollar im Jahr 1981. Oder 1 Dollar des Jahres 1981 entsprechen 1/0,583 = 1,71 Dollar im Jahre 2000. Vor der Einführung des Euros rechnete die ESA in „Millionen Accounting Units" (MAU). Der Umrechnungskurs gegenüber der Deutschen Mark blieb über Jahrzehnte nahezu unverändert bei etwa 1,90 DM, also etwas weniger als 1 Euro (1 Euro = 1,96 DM). Dollar, Pfund und französische Franc änderten ihren Wert jedoch stark im Laufe der Jahrzehnte. Beim Dollar lagen die Extreme zwischen 4,25 und 1,40 DM pro Dollar, beim Pfund zwischen 8,00 und 3,30 DM pro Pfund und beim Franc zwischen 0,70 und 0,30 DM pro FF. 1984 entsprach ein Dollar 7,2 Franc.

Die folgende Tabelle zeigt exemplarisch die Entwicklung des US GDP-Index (Gross Domestic Product – Bruttoinlandsprodukt) in den Jahren 1960 bis 2007, relativ zum Jahr 2000. Auf Basis dieser Tabelle berechnet die NASA den heutigen Gegenwert von Aufwendungen us früheren Perioden.

Jahr	GDP Index (relativ zu 2000)	Jahr	GDP Index (relativ zu 2000)
1960	0,2100	1984	0,6744
1961	0,2130	1985	0,6963
1962	0,2154	1986	0,7125
1963	0,2181	1987	0,7311
1964	0,2207	1988	0,7541
1965	0,2245	1989	0,7834
1966	0,2293	1990	0,8125
1967	0,2367	1991	0,8430
1968	0,2451	1992	0,8642
1969	0,2563	1993	0,8838
1970	0,2703	1994	0,9028
1971	0,2838	1995	0,9218
1972	0,2972	1996	0,9395
1973	0,3103	1997	0,9559
1974	0,3327	1998	0,9675
1975	0,3673	1999	0,9802
1976	0,3938	**2000**	**1,0000**
1977	0,4233	2001	1,0236
1978	0,4518	2002	1,0432
1979	0,4882	2003	1,0643
1980	0,5310	2004	1,0918
1981	0,5830	2005	1,1251
1982	0,6229	2006	1,1598
1983	0,6504	2007	1,1892

Die Aufholjagd bei den Technologien

Ergänzend zu den Angaben in den folgenden Kapiteln gebe ich hier noch eine kleine Gesamtübersicht zur Technologieentwicklung in Europa.

Europa begann mit der Entwicklung der Raketentechnologie recht spät. Das hatte nachvollziehbare Gründe. Nach dem Zweiten Weltkrieg gab es dringendere Probleme. Die geografische Nähe zu den Ländern des Warschauer Pakts erforderte keine Raketen, um das Land des Gegners zu erreichen. Atombomben, welche der Antrieb für die Raketenentwicklung in den USA und der UdSSR waren, wurden auch erst später und in kleinerer Zahl als bei den beiden Supermächten entwickelt. Weiterhin hatten Russland und die USA fast alle Experten übernommen, die in Deutschland die A4 und andere Raketen entwickelt hatten. Europas Einstieg in die Trägertechnologie erfolgte daher recht spät und begann praktisch bei „Null".

Am weitesten waren Anfang der sechziger Jahre die Engländer. Sie hatten die Blue Streak entwickelt – immerhin auf der technologischen Stufe der Thor oder Atlas, aber mit Triebwerken, die in Lizenz gefertigt wurden. Die USA halfen mit der Freigabe von Lizenzen, aber auch bei der Konstruktion. Sie waren daran interessiert auch in Europa Raketen auf die Sowjetunion gerichtet zu haben, um die Bedrohung zu verstärken. England verfügte mit der Black Knight zudem über einen Träger mit selbst entwickelten Triebwerken, wenn auch mit der ungewöhnlichen und nicht sehr leistungsfähigen Kombination Wasserstoffperoxid / Kerosin und einem nur geringen Schub.

Frankreichs Trägerrakete Diamant A hinkte in vielen Dingen hinterher. Die erste Stufe verwendete die veraltete Kombination von Salpetersäure und Terpentinöl. Statt eine Turbine mit Turbopumpe zu verwenden, wurde die gesamte Stufe unter Druckgas gesetzt, wodurch die Leermasse anstieg. Die zweite Stufe verwendete einen Feststoffantrieb mit hoher Leermasse, doch bei der dritten Stufe hatte Frankreich technologisch gleichgezogen. Ein leichtes Glasfasergewebe bildete die Brennkammer, und ihr spezifischer Impuls war hoch. Dasselbe galt auch für die dritte Stufe der britischen Black Arrow. Bei beiden Nationen waren militärische Gründe für die Entwicklung ausschlaggebend. England baute eine Atlas ohne Marschtriebwerk nach, beendete die Entwicklung aber vorzeitig. Frankreich plante schon damals eine eigene Raketentruppe, die natürlich eigene Raketen einsetzen sollten. Gemäß der militärischen Planung mussten diese nicht wie die Blue Streak Moskau erreichen, sondern nur Deutschland, konnten also kleiner ausfallen.

Die ebenfalls in den sechziger Jahren entwickelte Europa-Rakete der europäischen Raumfahrtorganisation ELDO war ein sehr teurer Träger. Zum einen, weil die Verteilung der Aufträge nach Proporz, anstatt nach fachlicher Kompetenz, zu deutlichen Mehrausgaben führte. Zum andern erforderte ein Träger in dieser Größenordnung generell hohe Aufwendungen für Entwicklung, Schaffung von Infrastruktur und Know-How. Von dem Programm zur Entwicklung der Europa-Rakete profitierte vor allem Deutschland, wo es seit dem Exodus der weltbesten Raketenspezialisten am Ende des Zweiten Weltkriegs keine Erfahrungen mit Trägerraketen mehr gab. Deutschland übernahm mit der Entwicklung der dritten Stufe im Entwicklungsprogramm den technologisch aufwendigsten Part. Die Astris genannte Stufe war in ihrer Auslegung mit modernen US-Oberstufen wie der Delta vergleichbar. Neue Technologien wurden dafür entwickelt, wie das Elektronenschweißen oder Explosionsverformen.

Europas Rückstand wurde in den Siebziger Jahren mit dem Ariane-Programm fast aufgeholt. Dieses Programm konnte auf den Vorinvestitionen für die Europa-Rakete aufbauen und wurde daher erheblich preisgünstiger. Die ersten beiden Stufen wurden bewusst einfach gefertigt, mit Triebwerken mittlerer Leistung und einer robusten und nicht besonders leichtgewichtigen Konstruktion. Der Grund dafür war die Minimierung der Entwicklungskosten. Auf der anderen Seite wurde in der dritten Stufe erstmalig außerhalb der USA Wasserstoff als Treibstoff genutzt. Die mit diesem Treibstoff betriebenen Oberstufenversionen der Ariane, H8/H10, entpuppten sich als zuverlässiger als die amerikanische Centaur-Oberstufe, waren aber erheblich preiswerter in der Herstellung.

Die Ariane-5 setzte ab den Neunziger Jahren neue Maßstäbe. Erstmals wurden in Europa sehr große Feststofftriebwerke gebaut. Sie waren leichter als die Booster der Titan-4 und zudem günstiger in der Produktion. Das in der Zentralstufe der Ariane-5 verwendete Vulcain ist das größte und leistungsfähigste Triebwerk, das Wasserstoff im Nebenstromverfahren verbrennt. Die Aestus-Oberstufe erreicht mit einer sehr leichten Konstruktion einen sehr hohen spezifischen Impuls für eine druckgeförderte Stufe. Mit dem Vinci-Triebwerk, das sich für den Einsatz in der Oberstufe ESC-B in der Entwicklung befindet, wird auch in Europa erstmals ein Triebwerk nach dem „Expander Cycle" eingesetzt werden – mit dem höchsten spezifischen Impuls, den bisher ein chemisch betriebenes Triebwerk erreicht hat.

Die für den Einsatz ab 2012 eingesetzten kleinen Trägerrakete Vega schließlich nutzt leichte Kohlefaserverbundwerkstoffe für das Gehäusem. Auch hier setzt die P85FW Stufe einen Weltrekord. Es scheint, als hätte Europa inzwischen in nahezu allen Technologien die USA überholt. Die einzige Ausnahme ist die Nutzung des „Staged Combustion" Prinzips, nach dem die Shuttle-Haupttriebwerke und auch zahlreiche russische Antriebe arbeiten. Zwar gibt es bisher kein Triebwerk dieser Technologie in einer europäischen Rakete, doch unbekannt ist das Verfahren bei uns nicht. Schon 1963 begann die deutsche Firma MBB diese Technologie zu erforschen und entwickelte den Versuchsantrieb P111 mit 60 kN Schub. Die

Haupttriebwerke des Space Shuttles arbeiten nach den von MBB entwickelten Prinzipien, die vom Hersteller der Shuttle-Haupttriebwerke, der amerikanischen Firma Rocketdyne, lizenziert wurden.

Treibstoffförderung

Jedes Raketentriebwerk verbrennt Treibstoff unter hohem Druck. Dabei muss der Druck beim Einspritzen in die Brennkammer größer sein, als der durch die Verbrennung erzeugte Druck in der Brennkammer. Anhand des Verfahrens, wie der Treibstoff gegen den Verbrennungsdruck in die Brennkammer eingespritzt wird, unterscheidet man verschiedene Typen von Raketenmotoren.

Bei der **Druckgasförderung** stehen die Tanks selbst unter Druck. Dies limitiert den Brennkammerdruck auf niedrige Werte. Weiterhin werden die Tanks schwer, vor allem, wenn sie nicht kugelförmig sind. Zylindrische Tanks müssen versteift werden, um nicht durch den Druck auszubeulen. Diese Art der Treibstoffförderung ist zwar technisch sehr einfach und zuverlässig, kann aber nur bei kleineren Stufen wie beispielsweise der Astris oder EPS eingesetzt werden. Sie ist bei Satellitenantrieben die einzige Form der Treibstoffförderung, auch weil bei hypergolen Triebwerken es reicht, die Ventile zu den Treibstoffleitungen zu öffnen, um das Triebwerk zu zünden. Es entfällt eine komplexe Anlasssequenz, die bei den anderen Verfahren nötig ist.

Beim klassischen **Nebenstromverfahren** wird ein Teil des Treibstoffes in einem Gasgenerator verbrannt. Das dabei entstehende Druckgas treibt eine Turbine an, welche die Leistung für die Treibstoff-Turbopumpe aufbringt. Die Bezeichnung Nebenstromverfahren resultiert aus den beiden Treibstoffströmen zur Brennkammer und zum Gasgenerator. Der Förderdruck kann nun viel höher als der Tankdruck sein. Damit nicht zu hohe Temperaturen entstehen, wird üblicherweise der Verbrennungsträger im Überschuss verbrannt. Das Nebenstromverfahren ist zuverlässig und erprobt, hat aber technologische Grenzen. Bei hohen Brennkammerdrücken sinken die Wirkungsgrade der Turbopumpen stark ab und der Aufwand für die Treibstoffförderung steigt. Das Vulcain Triebwerk setzt hier mit 120 bar einen Rekord, die meisten anderen Triebwerke mit Gasgenerator Betrieb bleiben unter 100 bar Brennkammerdruck. Weiterhin kann beim Nebenstromverfahren das Gas für den Gasgenerator nicht für die Verbrennung genutzt werden. Die Menge des Treibstoffs, die vom Gasgenerator benötigt wird, steigt mit steigendem Förderdruck an. Sehr deutlich zeigt sich dies beim Übergang vom Vulcain zum Vulcain 2: Bei der Steigerung des Brennkammerdrucks von 110 auf 118 bar – also um 7% stieg der Anteil des Stroms zum Gasgenerator um 30%. Das Abgas des Gasgenerators wird zum Teil genutzt, z. B. um die

Triebwerke zu schwenken oder mit Düsen die Rollachse zu stabilisieren. Der größte Teil wird aber über einen "Auspuff" neben dem Triebwerk entlassen.

Beim **Hauptstromverfahren** wird der gesamte Treibstoff verbrannt und es wird kein Gasgenerator benötigt. Etabliert haben sich zwei Verfahren. Beim "**Staged Combustion**" Verfahren wird der Treibstoff teilweise in einem Vorbrenner verbrannt (zum Beispiel der ganze Verbrennungsträger mit einem Teil des Oxidators). Das erzeugte heiße Gas treibt dann die Turbopumpe an. Dabei werden sehr hohe Förderdrücke durch die große Gasmenge erreicht und dieses Gas mit dem Rest des Oxidators dann in die Brennkammer zur vollständigen Verbrennung eingespritzt. Durch den hohen Brennkammerdruck von über 200 bar wird der Treibstoff besonders gut ausgenützt und es gibt kein unverbranntes Gas wie beim Nebenstromverfahren. Dieses Verfahren setzen die meisten modernen russischen Triebwerke wie das RD-180 ein. Auch das SSME (Space Shuttle Main Engine) arbeitet nach diesem Verfahren. In Europa gibt es noch kein Triebwerk, welches das „Staged Combustion" Verfahren in der Praxis einsetzt.

Das „**Expander Cycle**" Verfahren ist das zweite Hauptstromverfahren. Der gesamte Verbrennungsträger durchströmt zuerst die Brennkammerwand zur Kühlung, erwärmt sich und verdampft. Das Gas treibt dann die Turbopumpe an. Praktisch anwendbar ist das Verfahren nur bei Wasserstoff und Methan, da andere Treibstoffe nicht bei der Kühlung so weit erwärmt werden, dass sie verdampfen. Da die erzeugte Gasmenge und Temperatur von der aufgenommenen Wärmemenge abhängt, eignet sich dieses Verfahren nur für kleine bis mittelgroße Triebwerke bis etwa 300 kN Schub; da die Oberfläche der Brennkammer quadratisch zum Durchmesser ansteigt, der Schub aber in der dritten Potenz. Vinci ist das bisher erste Triebwerk in Europa, welches dieses Verfahren einsetzt. Erstmals wurde es im RL-10, welches die Centaur Oberstufe antreibt, erprobt.

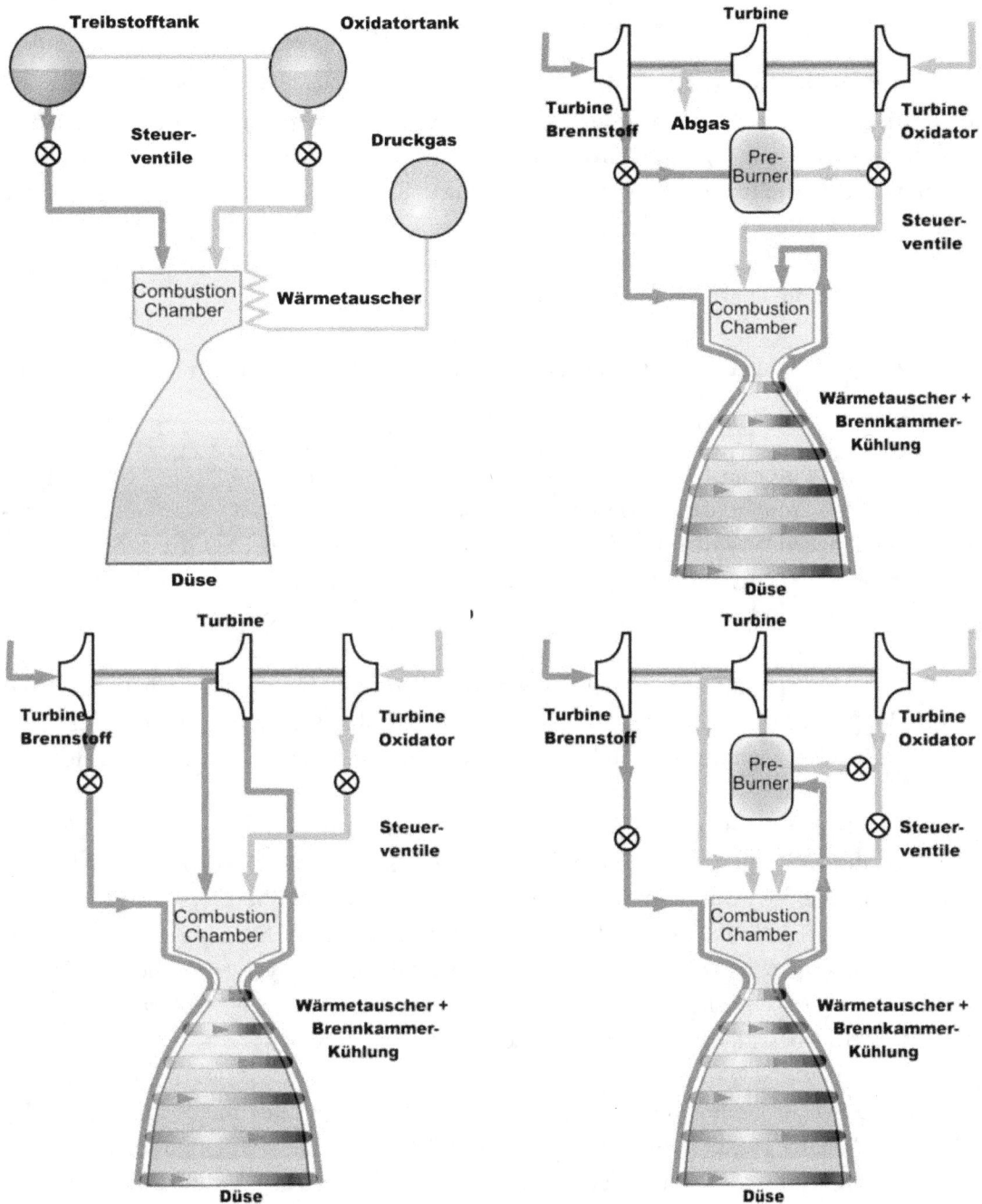

Abbildung 1: Die Treibstoffförderungsverfahren. Im Uhrzeigersinn: Druckgasförderung, Gasgeneratorprinzip, Expander Cycle, Staged Combustion

Erdumlaufbahnen

Im Zusammenhang mit Erdumlaufbahnen werden immer wieder gewisse Begriffe verwendet, die hier kurz erläutert werden sollen. Unter dem **Perigäum** wird der erdnächste Punkt einer elliptischen Umlaufbahn verstanden; der erdfernste Punkt wird als **Apogäum** bezeichnet. Jede Bahn hat eine Neigung zum Äquator, die **Inklination**. Sie legt fest, welche Gebiete der Satellit bei seinen Umläufen überfliegen kann. Eine Bahnneigung (Inklination) von 50 Grad bedeutet also, dass ein Satellit die Erde zwischen 50 Grad nördlicher und 50 Grad südlicher Breite überfliegt und nie höhere Breiten als 50 Grad erreicht.

Es gibt Erdumlaufbahnen mit einer besonderen Bedeutung. Sie werden mit folgenden Abkürzungen bezeichnet:

- **LEO** (Low Earth Orbit): In diesen Orbit können Trägerraketen die größte Nutzlast befördern. Die Bahnhöhe ist niedrig und liegt üblicherweise bei 180 bis 300 km. Die Nutzlast einer Trägerrakete wird maximiert, wenn die Inklination des LEO der geografischen Breite ihres Startplatzes entspricht. Oftmals ist ein LEO nur eine Übergangsbahn zur Erreichung anderer Orbits.

- **PEO** (Polar Earth Orbit): Dies ist eine Bahn, welche direkt über die Pole führt und so die Beobachtung der ganzen Erde ermöglicht. Die Bahnhöhe liegt höher als beim LEO, da sonst die Restatmosphäre den Satelliten rasch wieder zum Verglühen bringen würde.

- **SSO** (Sun-Synchronous Orbit): Der sonnensynchrone Orbit ist die wichtigste Umlaufbahn für die Erdbeobachtung. Die Neigung ist etwas größer als beim PEO und liegt je nach Bahnhöhe bei etwa 96 bis 110 Grad. Die typische Bahnhöhe beträgt etwa 600 bis 1.000 km. Ein Satellit in dieser Bahn passiert ein Gebiet auf der Erde immer zur gleichen lokalen Uhrzeit, sodass der Schattenwurf bei Aufnahmen aus verschiedenen Umläufen identisch ist. Das erleichtert die Auswertung. Weiterhin werden die Solarpaneele ohne Unterbrechung beschienen und sichern so die Energieversorgung.

- **GEO** (Geo-Synchronous Orbit): Der geosynchrone Orbit liegt in rund 36.000 km Höhe über dem Äquator (Inklination;: Null Grad). Ein Satellit in einem GEO umkreist die Erde einmal in 24 Stunden. Da diese sich in 24 Stunden um ihre Achse dreht, steht er von der Erde aus gesehen scheinbar still. Dies ist von Vorteil, wenn der Satellit als Kommunikationsrelais benutzt werden soll, weshalb sich die meisten Nachrichtensatelliten in einem GEO befinden. In der Regel wird ein Satellit von einer Trägerrakete zuerst in einen GTO transportiert, bevor er den GEO durch seinen eigenen Antrieb ansteuert. Der Energiebedarf dafür ist abhängig von der Bahnneigung des GTO.

- **GTO** (Geo-Synchronous Transfer Orbit): Der geosynchrone Übergangsorbit ist eine Bahn, welche zwischen dem LEO-Orbit und dem GEO-Orbit liegt. Der erdnächste Punkt liegt üblicherweise in etwa 200 km Höhe und der erdfernste in der Höhe des GEO-Orbits, also in rund 36.000 km Entfernung. Wenn ein Satellit in 36.000 km Höhe angekommen ist, muss er mit seinem eigenen Antrieb auch den erdnächsten Punkt auf diese Höhe anheben (Zirkularisierung). Ist ein Satellit schwerer oder leichter als die Nutzlast für den GTO-Orbit, so wird er in einen subsynchronen (Apogäum kleiner als 36.000 km) oder supersynchronen (Apogäum höher als 36.000 km) GTO-Orbit befördert. Dies kam früher bei den alten Atlas-Versionen vor, da diese nicht in demselben Ausmaß an unterschiedlich schwere Nutzlasten angepasst werden konnten. Heute nutzt die Falcon 9 dieses Flugregime.

- **MEO** (Medium Earth Orbit): Mittelhohe Erdbahnen sind alle Bahnen oberhalb des SSO und unterhalb des GEO. Diese Bahnen decken zwar einen großen Bereich von rund 1.200 bis 36.000 km Höhe ab, genutzt wird aber nur ein Bereich in 20.000 bis 24.000 km Höhe. Hier befinden sich die Bahnen von Navigationssatelliten wie dem amerikanischen Navstar, dem russischen Glonass und dem europäischen Galileo System. Sie sind um 50 bis 60 Grad gegenüber dem Äquator geneigt, um einen globalen Empfang auch in hohen Breiten zu gewährleisten.

Abbildung 2: Eine Topaze vor dem Start

Diamant

Mit der Diamant wurde Frankreich 1965 die dritte Nation, die einen eigenen Satelliten in eine Erdumlaufbahn beförderte. Seither ist Frankreich die treibende Kraft in der europäischen Raketenentwicklung.

Die Topaze, Rubis, Emeraude und Saphir

Nachdem Anfang der Fünfziger Jahre Frankreich begonnen hatte, eigene Atomwaffen zu bauen, kam bald auch der Wunsch nach eigenen, militärisch genutzten Raketen auf. Zuerst war Frankreich bemüht, diese in Zusammenarbeit mit Boeing und Lockheed zu entwickeln, doch die Firmen lehnten dieses Ansinnen ab. Im Jahr 1958 beschloss daher General de Gaulle, der frisch gewählte Präsident Frankreichs, die Gründung der SEREB (Société pour l' Etude et la Réalisation d' Engins Balistiques). Diese Organisation hatte die Aufgabe, militärisch genutzte Raketen zu entwickeln.

Die SEREB entwickelte eine Reihe von Versuchsträgern für diesen Zweck. Diese wurden nach einem Schema bezeichnet – „VE" als Präfix und eine dreistellige Nummer. Letztere war folgendermaßen aufgebaut:

Abbildung 3: Start einer Rubis

- Erste Ziffer: Anzahl der Stufen

- Zweite Ziffer: Antrieb mit flüssigem (2) oder festem (1) Treibstoff

- Dritte Ziffer: eigenes Navigationssystem (1) oder Fernlenkung (0)

Es bürgerte sich ein, die Raketen nach Halbedel- oder Edelsteinen zu benennen. In den folgenden Jahren entwickelte die SEREB einige Versuchstypen, wobei nicht nur an die militärische Eignung gedacht wurde, sondern auch an eine mögliche Nutzung als Höhenforschungsrakete und später als Satellitenträger. Neben der Trägerrakete musste auch das Navigationssystem neu entwickelt werden. Die Versuchstypen boten die Gelegenheit, dieses System relativ preiswert zu testen.

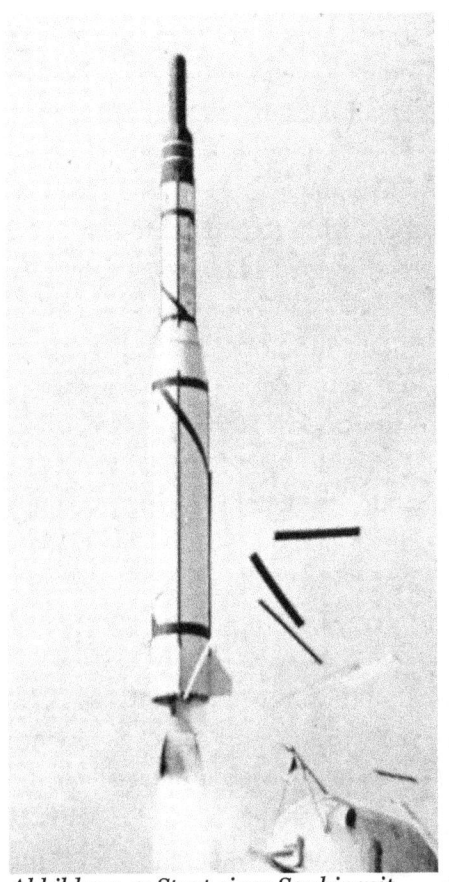

Abbildung 4: Start einer Saphir mit einem Wiedereintrittskopf

Die ersten beiden Träger Aigle und Agate wurden entwickelt, bevor die SEREB an eine Trägerrakete dachte. Die **Aigle** (Adler) war eine 2.355 kg schwere und 8,00 m lange Feststoffrakete mit 8 t Schub. Die **Agate** (Achat) wog 3.255 kg und hatte einen Schub von 19 t bei einer Länge von 8,53 m.

Im Jahre 1961 wurde beschlossen, eine eigene Trägerrakete zu entwickeln. Frankreich griff dafür auf die Vorarbeiten der SEREB zurück. Zu Beginn plante die SEREB eine Rakete, die einen 45 kg schweren Satelliten transportieren könnte. Das Design sollte so beschaffen sein, dass es innerhalb von zwei Jahren auf 60 bis 80 kg Nutzlast ausgebaut werden könnte. Es sollte die Rakete schon 1964 zur Verfügung stehen. Nach einer Revision des Konzepts wurde die Option zur Nutzlaststeigerung gleich umgesetzt und entwickelt wurde eine größere Rakete, deren Erstflug für den März 1965 geplant war. Sie sollte eine Nutzlast von maximal 80 kg aufweisen.

Die Vorarbeiten bestanden darin, die einzelnen Stufen zuerst einzeln und dann zusammen mit dem Lenksystem in eigenen Versuchsträgern zu testen. Den Anfang machte von 1962 bis 1965 die **Topaze (VE-111)**. Die Topaze (Topas) sollte später die zweite Stufe der Diamant werden. Ihre Entwicklung war schon vor der Diamant beschlossen worden. Die Topaze war die erste französische Feststoffrakete, die nicht aerodynamisch stabilisiert war. Vier schwenkbare Düsen dienten zu ihrer aktiven Stabilisierung. Weiterhin verfügte sie erstmals über ein eigenes Navigationssystem, das in dieser Form auch bei der Diamant eingesetzt werden sollte. Vom 19.11.1962 bis zum 21.5.1965 gab es 14 Erprobungsflüge der Topaze, davon waren 13 erfolgreich.

Die nächste Stufe war die **VE-210 Rubis** (Rubin). Sie diente dazu, die Nutzlastverkleidung und die Oberstufe der Diamant zu erproben. Die Rubis war das erste Muster, das direkt zur Diamant führen sollte. Sie bestand aus zwei Stufen. Die erste Stufe war die aerodynamisch stabilisierte Agate, welche die Aufgabe hatte, die Oberstufe P0.64 in den Weltraum zu bringen, um sie unter realistischen Bedingungen zu testen. Erprobt wurde das Absprengen der Nutzlastverkleidung, die Rotation des P0.64 Antriebs sowie seine Abtrennung und Zündung in der Schwerelosigkeit.

Abbildung 5: Eine Diamant A vor dem Start

Die Rubis startete zehnmal. Die ersten sechs Flüge dienten zur Qualifikation, die restlichen vier Flüge nutzten sie als Höhenforschungsrakete. Sie transportierten Experimente der CNES / von Max-Planck-Instituten. In dieser Konfiguration konnte sie 35 kg auf 2.000 km Höhe, 150 kg auf 1.000 km Höhe oder 450 kg auf 200 km Höhe transportieren. Der erste Start fand am 10.6.1964 statt, der Letzte am 10.7.1967, als die Diamant schon im Einsatz war. Zwei der Starts schlugen fehl.

Damit waren die zweite und die dritte Stufe sowie das Lenksystem getestet. Es fehlte aber noch die erste Stufe. Die **VE-121 Emeraude** (Smaragd) testete die erste Stufe der Diamant. Sie hatte schwenkbare Düsen und wurde in der Rollachse durch aerodynamische Finnen stabilisiert. Die zweite Stufe war Ballast von der Masse einer Topaze Stufe. Vom 15.6.1964 bis zum 13.5.1965 fanden fünf Starts statt, wovon aber drei fehlschlugen. Alle drei Fehlstarts beruhten auf einem sehr typischen Problem von Raketen – dem Schwappen des Treibstoffs und den dadurch induzierten Vibrationen in den Leitungen. Hier war der Name der Rakete der gleiche wie der der Stufe.

Obgleich die Emeraude Fehlschläge hatte, ging Frankreich den nächsten Schritt an – den gemeinsamen Test der ersten und zweiten Stufe der Diamant. Dies war die **Saphire, VE231**. Von ihr gab es nicht weniger als 15 Flüge mit zwei Fehlstarts. Die Saphire testete nicht nur die Funktion der ersten und zweiten Stufe unter realistischen Bedingungen, sondern auch die Kontrolle über Funkleitstrahl (VE231P) und für das Militär einen ablativen Schutzschild für einen Atomsprengkopf (VE231R). Der erste Start fand am 6.7.1965 statt, der letzte am 27.1.1967, als die Diamant schon ihren Erstflug absolviert hatte. Nach der Erprobung der Saphire war die französische SEREB sicher, dass mit einer dritten Stufe ein Satellit von 47 kg Startmasse in einen Orbit befördert werden konnte. Während der Entwicklung konnte das Vexin-Triebwerk der ersten Stufe leicht im Schub gesteigert werden, sodass bei der Diamant die B-Version des Vexins zum Einsatz kommen konnte.

Obwohl die CNES als zweite nationale Weltraumorganisation nach der NASA am 19.12.1961 gegründet wurde, erfolgte die Entwicklung der Diamant A noch durch die SEREB. Eine Woche nach dem Start des ersten französischen Satelliten wurde die Weiterentwicklung der Diamant von der CNES übernommen. Kein anderer Träger wurde vor der ersten orbitalen Mission mit so vielen Versuchsmustern getestet. Dieses inkrementelle Testen erhöhte zwar die Entwicklungskosten, führte aber zu einem erprobten Träger. Die erste Stufe war 20-mal, die Zweite 29-mal und die Dritte 10-mal vor dem Jungfernflug der Diamant geflogen.

Rakete	Erste Stufe	Zweite Stufe	Gesamt
Topaze:	Länge: 4,50 m Durchmesser: 0,80 m Startgewicht: 3.405 kg Leergewicht: ? kg Schub: 190 kN Brenndauer: 18 s		Länge: 7,95 m Durchmesser: 0,80 m Startgewicht: 3.405 kg Nutzlast: 100 kg auf 1.200 km Höhe
Rubis:	Länge: 4,50 m Durchmesser: 0,80 m Startgewicht: 3.405 kg Leergewicht: ? kg Schub: 190 kN Brenndauer: 18 s	Länge: 1,98 m Durchmesser: 0,66 m Startgewicht: 649 kg Leergewicht: 64 kg Schub: 29,4 kN Brenndauer: 39 s	Länge: 9,61 m Durchmesser: 0,80 m Startgewicht: 4.000 kg Nutzlast: 35 kg auf 2.400 km Höhe, 150 kg auf 1.000 km Höhe 450 kg auf 200 km Höhe
Emeraude:	Länge: 9,76 m Durchmesser: 1,34 m Startgewicht: 14.685 kg Leergewicht: 1.946 kg Schub: 280 kN Brenndauer: 93 s		Länge: 16,50 m Durchmesser: 1,40 m Startgewicht: 15.900 kg Nutzlast: 395 kg auf 200 km Höhe
Saphire:	Länge: 9,76 m Durchmesser: 1,34 m Startgewicht: 14.685 kg Leergewicht: 1.946 kg Schub: 280 kN Brenndauer: 93 s	Länge: 4,57 m Durchmesser: 0,80 m Startgewicht: 2.815 kg Leergewicht: 540 kg Schub: 120 kN Brenndauer: 39 s	Länge: 17,93 m Durchmesser: 1,40 m Startgewicht: 17.700 kg Nutzlast: 300 kg auf 2.000 km Höhe

Diamant A

Die Diamant A war eine dreistufige Rakete. Die erste Stufe setzte lagerfähige flüssige Treibstoffe ein, die beiden Oberstufen dagegen feste Treibstoffe. Die ersten beiden Stufen wurden aktiv gelenkt, die dritte Stufe war spinstabilisiert.

Die erste Stufe Emeraude

Die erste Stufe der Diamant Emeraude (Smaragd) setzte die Treibstoffkombination Salpetersäure und Terpentinöl ein. Zu dieser Zeit war diese Kombination schon veraltet. Auch die erste Stufe der Kosmos 11K63, einer sowjetischen Mittelstreckenrakete, setzte diese Kombination ein. Sie ist lagerfähig wie NTO / Hydrazin, hat aber einen geringeren Energiegehalt und ist nicht selbst entzündlich. Die Zündung erfolgte durch Tetrahydrofuranol, welches sich am Boden des Terpentinbehälters befand. Furanol reagiert mit Salpetersäure hypergol, entzündet sich also spontan.

Der Tank aus Stahl 15 CDV 6 war massiv. Die Wandstärke des Tanks mit einem gemeinsamen Zwischenboden betrug 2,30 mm. Diese Konstruktion hatte ihren Grund in der Treibstoffförderung. Anders als andere Raketen dieser Größe setzte die Diamant keine Förderung mit einer Turbopumpe ein. Es gab zwar einen Gasgenerator, er verbrannte einen Pulvertreibstoff, dessen Verbrennungsgase mit Wasserdampf gekühlt wurden. Dieses Gas-

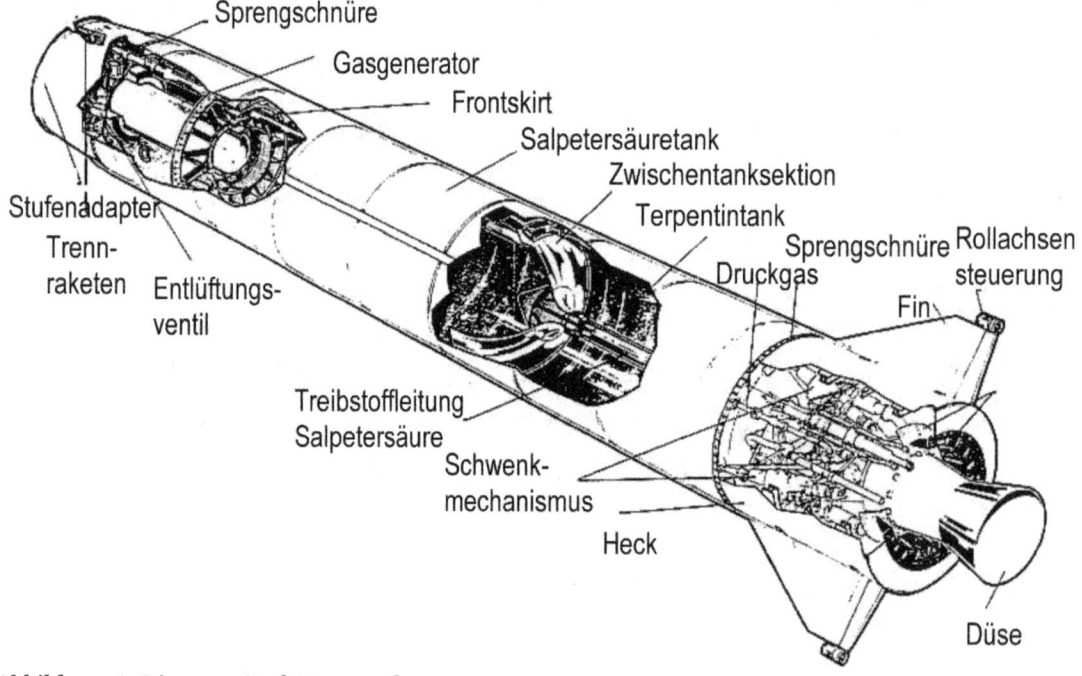

Abbildung 6: Die erste Stufe Emeraude

gemisch wurde dann in die Tanks eingespeist. Dadurch standen diese unter 22 bar Druck und mit diesem Druck wurde der Treibstoff in die Brennkammer gefördert. Es wurde erwogen, den Druck auf 28 bis 30 bar zu erhöhen, um die Energieausbeute zu verbessern und den Schub zu erhöhen. Der Gasgenerator saß auch nicht am Triebwerk, sondern über dem oberen Terpentin-Tank. Er erzeugte auch den Strom für die Elektronik der ersten Stufe, wobei eine Wechselspannung mit einer Frequenz von 400 Hz genutzt wurde. Der Preis für diese Auslegung war eine hohe Leermasse. Bei einer Startmasse von 14,72 t betrug die Leermasse 1,95 t. Diese Entscheidung wurde bewusst getroffen. Zwar hätte der Übergang zu einer klassischen Lösung – mit Turbopumpe – die Leermasse von 15% auf 9% senken können, doch hätte die Entwicklung länger gedauert. Da es jedoch wichtig war, schnell eine Trägerrakete zur Verfügung zu stellen, wurde die technisch weniger optimale Lösung gewählt. Die Entwicklungskosten wären sonst erheblich höher gewesen, und ob sich diese ausgezahlt hätten, war fraglich, denn die Diamant sollte nur wenige Male eingesetzt werden. Bei der ersten Stufe war eine hohe Leermasse zu verschmerzen, da die Erhöhung der Leermasse sich nur gering auf die Nutzlast auswirkt. Normalerweise bewirkt eine Reduktion der Leermasse der ersten Stufe um 100 kg nur eine Nutzlaststeigerung um 5 bis 10 kg.

Das Vexin-B Triebwerk mit einer 74 cm langen, konusförmigen Expansionsdüse war schwenkbar aufgehängt und steuerte die Rakete um die Nick- und Gierachse. Die Steuerung um die Rollachse erfolgte durch aerodynamische Ruder (Finnen). Sie wurden anfangs durch zwei Raketentriebwerke an ihrem Ende, später durch Druckluft gedreht. Da die Brenndauer nur 93 Sekunden betrug, war die Emeraude schon in 32 km Höhe ausgebrannt und Finnen, die nur in der unteren Atmosphäre wirksam sind, reichten zur Steuerung aus. Die Kühlung der Brennkammer erfolgte durch Filmkühlung. Es befanden sich 52 Bohrungen entlang der Achse des Triebwerks, durch die Terpentinöl in die Brennkammer einströmte, verdampfte die Wand kühlte. Der Einspitzkopf hatte 677 Bohrungen, um eine optimale Durchmischung der Treibstoffe zu erreichen. Das Vexin B Triebwerk hatte den vierfachen Schub des Vexin A in der Europa Rakete. Bedingt durch den niedrigen Brennkammerdruck arbeitete es mit einem niedrigen Expansionsverhältnis von 3,6, der spezifische Impuls war daher gering.

Konstrukteur des Valois Triebwerks war der Deutsche Karl Heinz Bringer, der mit dreißig anderen Ingenieuren der Heeresversuchsanstalt Peenemünde 1946 zu Frankreich wechselte. Bringer war Gruppenleiter für Flüssigkeitsantriebe und hatte 1942 einen Gasgenerator zum Patent angemeldet, der kühles Gas für die Turbopumpe produzierte, indem er Wasser einspritzte und dieses verdampfte. Diese Technologie behielt er in Folge bei, genauso wie die Radialeinspritzung. Bei den meisten Triebwerken wird der Treibstoff am Kopfende und nicht an der Seitenwand eingespritzt. Bis zum Vexin hatte Bringer schon drei Triebwerke entwickelt: für die beiden Höhenforschungsraketen Veronique AG und 61 und die Vesta Rakete. Ausgangsbasis war auch in Frankreich die deutsche Technologie gewesen. Die

Veronique war im wesentlichen eine kleinere Version der deutschen „Wasserfallrakete", eine Flugabwehrrakete, die noch während des Kriegs 42-mal geprobt wurde, aber nicht mehr zum Einsatz kam. Auch die Veronique arbeitete mit Terpentinöl und Salpetersäure – zwei nicht kriegswichtigen Komponenten, die in der Folge bis zur Diamant beibehalten wurde. Die Véronique war die erste Rakete, die im französischen Vernon entwickelt wurde. Es begründete die Tradition, die Namen dieser Triebwerke mit dem Buchstaben „V" für Vernon – beginnen zu lassen. Die Veronique hieß sogar danach (Vernon und électronIQue). Erheblich bekannter wurden spätere Triebwerke aus Vernon, wie das Viking, Vulcain und Vinci.

Emeraude	
Länge:	9,76 m
Durchmesser:	1,41 m mit Finnen: 2,71 m
Startgewicht:	14.117,7 kg
Davon Salpetersäure:	9.654,5 kg
Davon Terpentin:	2.954 kg
Davon Tetrahydrofurfurylalkohol:	113,5 kg
Davon Pulver Gasgenerator:	116 kg
Davon Wasser Gasgenerator:	120 kg
Davon Pulver Rolltriebwerk:	11,1 kg
Davon Gewicht Triebwerk und Tanks:	1.626,7 kg
Davon Gewicht Heckverkleidung:	179,6 kg
Davon Gewicht Triebwerksverkleidung:	121,7 kg
Gesamte Trockenmasse:	1.949,7 kg
Treibstoff:	12.762 kg
Schub:	274 kN Meereshöhe, 310 kN Vakuum
Spezifischer Impuls:	1.991 m/s Meereshöhe, , 2253 m/s Vakuum

Die zweite Stufe Topaze

Die zweite Stufe P2.2 „Topaze" setzte den festen Treibstoff Isolane 28/7 ein, die Bezeichnung für eine Mischung aus 22% Polyurethan-Binder, Aluminium und Ammoniumperchlorat, vergleichbar dem Einsatz von Polyacryl und Hydroxyl-terminiertem Polybutadien in den USA, nur mit einem anderen Kunststoff als Binder.

Auffällig waren vier Schubdüsen, die um 15 Grad zur Längsachse geneigt und schwenkbar waren. Zusammen mit der Rollachsensteuerung war dies der erste Feststoffantrieb, der in allen drei Achsen steuerbar war. Die Entwicklung dieses ungewöhnlich aufwendigen Antriebs erfolgte, um Kosten bei der Entwicklung einer analog aufgebauten Feststoffstufe für eine strategische Rakete in der Größe von 10 bis 16 t Treibstoffzuladung einzusparen. Die notwendigen Technologien der Schubvektorsteuerung konnten so einfach bei der vier bis sieben Mal kleineren Topaze erprobt werden. Die Verwendung von vier Düsen ist bei einer Stufe mit festem Treibstoff recht ungewöhnlich.

Der Treibstoffbehälter bestand aus Stahl mit hoher Zähigkeit von 140 bis 160 kg/mm² (Vascojet 1000, 40 CDV 20). Vor der Düse war er verstärkt durch ein Graphit-Epoxidharz als Wärmeschutz. Er musste einem Verbrennungsdruck von 35,2 bar standhalten.

Die Düsen selbst bestanden aus einer dünnen Basis aus Titan als Träger mit einem Belag aus Graphit am 92 mm großen Düsenhals und Asbest bei den konischen Expansionsdüsen. Das Entspannungsverhältnis war niedrig und betrug nur 12,2. So war auch der spezifische Impuls mit 2.539 m/s gering. Die Düsen wurden durch hydraulische Aktoren mit einem Druck von 200 bar bewegt. Zu diesem Zweck befand sich eine Einheit mit Batterien und elektrischer, wassergekühlter, Pumpe und dem Reservoir an Hydraulikflüssigkeit am Heck.

Topaze	
Länge:	4,70 m
Durchmesser:	0,80 m
Startgewicht:	2.929,9 kg
Treibstoff:	2.260 kg
Stufenadapter zur ersten Stufe:	66,3 kg
Treibstoffbehälter:	181,8 kg
Thermalschutz:	58,6 kg
Druckgas / Spinstabilisierung:	135 kg
Ausrüstungsteil:	206,2 kg
Stufenadapter dritte Stufe:	15,1 kg

Thermalschutz hinten:	8,6 kg
Diverses:	14,3 kg
Schub:	150 kN (Vakuum)
Brennzeit:	44 s
Spezifischer Impuls:	2.539 m/s (Vakuum)
Brennkammerdruck:	35,2 bar
Expansionsverhältnis:	12,2

Die hohe Leermasse der Topaze resultierte nicht nur aus der Stahlhülle, sondern auch daraus, dass die Topaze das gesamte Lenk- und Steuerungssystem der Diamant an Bord hatte. Zusätzlich trug sie noch einen Dralltisch, der die Topaze mit der dritten Stufe vor deren Abtrennung in rasche Rotation brachte. So benötigte diese keine eigene Stabilisierung und aktive Steuerung. Der Dralltisch wurde durch zwei kleine Feststoffantriebe angetrieben, welche innerhalb von 0,4 s ein Drehmoment von 2.800 Ns erzeugten. Er befand sich zusammen mit der Ausrüstungseinheit am Heck der Stufe.

Die Steuerung von MATRA umfasste Sender für die Telemetrie im UKW-Bereich, eine Dreiachsen-Kreiselplattform von SAGEM, einen digitalen Computer, Batterien, Empfänger und Zünder für die Selbstzerstörung und Stickstoffdruckgas für die Steuerung der Düsen und die Bewegung um die Rollachse. Vor dem Einsatz auf der Diamant gab es insgesamt 61 Tests der Topaze – 47 am Boden, zwei unter Höhenbedingungen und 14 als Testrakete. Die Topaze war eine sehr zuverlässige Stufe, versagte jedoch einmal bei der Diamant B.

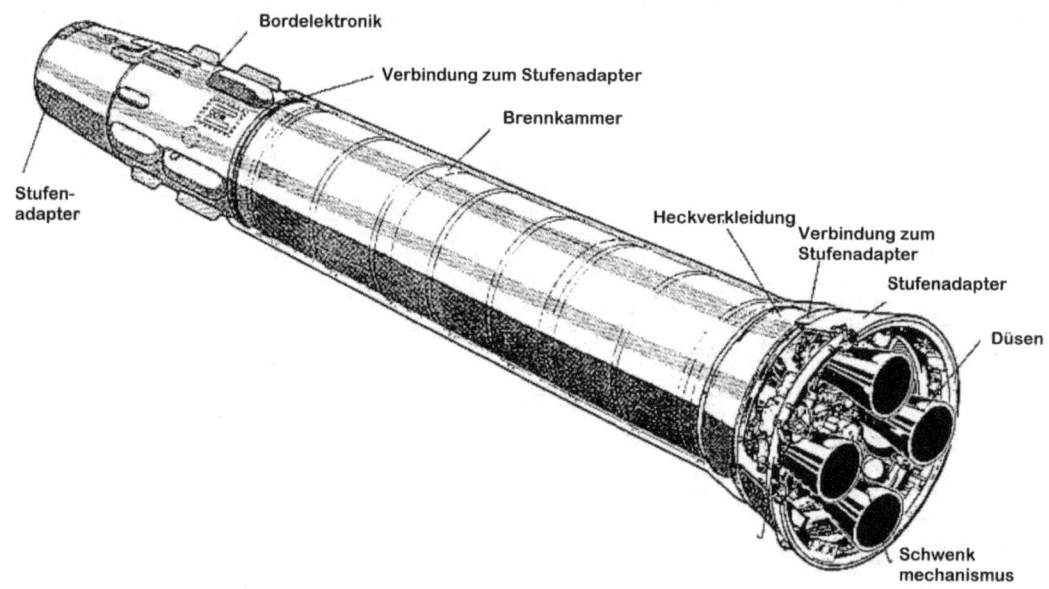

Abbildung 7: Die zweite Stufe der Diamant, die Topaze (Topaz)

Die dritte Stufe P0.6

Die Oberstufe P0.6 war fortschrittlich für die damalige Zeit. Zur Gewichtseinsparung bestand das Gehäuse aus einer Glasfiber-Matrix, in der zum Wärmeschutz Graphit eingelassen war, verbunden mit Epoxyd-Kunststoff. Der Isolane 28/7 Treibstoff war eine Mischung aus Polyurethan,

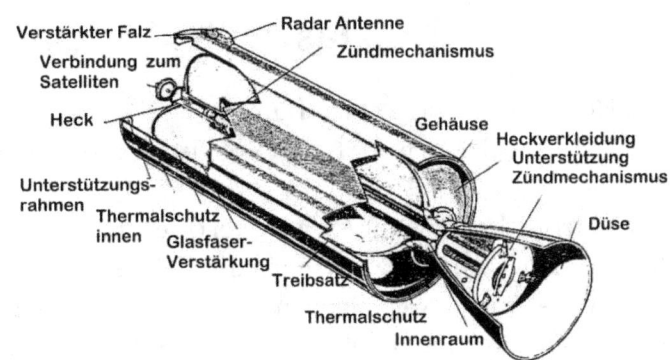

Abbildung 8: Dritte Stufe der Diamant A

Aluminium und Ammoniumperchlorat. Die Düse bestand aus einer Struktur aus Silikat und Phenolharz, verstärkt mit Glasfasern und einem Überzug aus Graphit als Ablationsschutz. Die Brennkammer musste einen Verbrennungsdruck von nominal 19 bar aushalten und wurde mit bis zu 40 bar getestet. Der Schub variierte während des Abbrands und lag zwischen 23,5 und 52 kN.

Die Oberstufe hatte keine eigene Steuerung und wurde vor der Zündung in eine Rotation von 270 U/min gebracht. Diese Drallstabilisierung ersetzte die Dreiachsen-Stabilisierung der unteren Stufen. Der Schubvektor konnte nicht mehr verändert werden, die Stufe musste also vor der Zündung korrekt im Raum ausgerichtet sein.

Von allen drei Stufen hatte die dritte Stufe sowohl den höchsten spezifischen Impuls als auch das beste Gewichtsverhältnis. Dies wurde erreicht durch die leichte Bauweise und ein hohes Expansionsverhältnis von 27,7 bei einem Düsenhalsdurchmesser von 9,60 cm. Er weitete sich bis auf 51 cm auf. Die Zündung des Motors erfolgte zeitgesteuert durch einen Zeitgeber, der vor der Abtrennung gestartet wurde. Basis für den Zeitgeber war die vermessene Bahn nach dem Ausbrennen der zweiten Stufe.

Vor dem Start fanden 42 Tests des P0.6 statt, davon sieben unter Flugbedingungen.

P.06	
Länge:	2,06 m
Durchmesser:	0,66 m
Startgewicht:	711,9 kg
Treibstoff:	641 kg
Treibstoffbehälter:	42,2 kg
Thermalschutz:	25,1 kg
Zünder:	3,6 kg

Nutzlasthülle, Nutzlast und Bahn

Die Nutzlasthülle hatte einen Durchmesser von 0,65 m und eine Länge von 2,40 m. Sie bestand aus zwei Hälften aus Glasfasergeflecht, verbunden durch Kunstharz.

Die Nutzlast der Diamant A betrug bei einem Start vom CSG aus 130 kg in eine 200 km hohe Kreisbahn. Für eine polare Bahn in der gleichen Höhe betrug die Nutzlast noch 95 kg. Da die Diamant A immer von Algerien aus startete, war die Nutzlast kleiner, auch weil ein besonderes Flugregime gewählt wurde, aus welchem elliptische Umlaufbahnen resultierten. In der Praxis betrug dadurch die Maximalnutzlast etwa 85 kg.

Flugprofil

Der gesamte Countdown zog sich über 6 Stunden 30 Minuten hin. Die letzten zehn Minuten wurden automatisch vom Computer durchgeführt. Bis 50 Minuten vor dem Start durften sich noch Personen an der Startrampe aufhalten.

Nach dem Start stieg die Diamant A senkrecht auf, bis sie eine Geschwindigkeit von 100 m/s erreicht hatte, begann dann ihr Pitchprogramm, d.h. sie neigte sich langsam in die horizontale Lage. Die Emeraude war nach 93 Sekunden ausgebrannt. Vier Feststofftriebwerke trennten die Emeraude von der Topaze ab. Die Stufentrennung fand in 37 km Höhe statt, die Entfernung vom Startplatz betrug 27 km. Die Emeraude schlug 350 km vom Startplatz entfernt auf. Die Geschwindigkeit relativ zur Erde betrug bei der Zündung der zweiten Stufe 1.660 m/s. Der Winkel zur Erdoberfläche betrug je nach Bahnhöhe 40 bis 48,9 Grad. Kurz nach Zündung der zweiten Stufe wurde die Nutzlastverkleidung abgetrennt. Dies war verglichen mit anderen Raketentypen relativ früh.

Der Neigungswinkel änderte sich kaum während der Betriebszeit der zweiten Stufe. Er sank nur leicht auf 42,7 Grad ab. 139 Sekunden nach dem Start hatte die zweite Stufe die Oberstufe mit der Nutzlast auf 2.710 m/s beschleunigt. Dabei wurde eine Höhe von 98 bis 128 km erreicht. Die Trennung der dritten Stufe fand in 122 km Entfernung vom Startplatz statt. Die ausgebrannte Topaze schlug in 1.900 km Entfernung auf.

Die dritte Stufe zündete nicht sofort nach der Trennung, sondern es folgte zunächst eine ballistische Flugphase. Nahe des Scheitelpunkts der Parabel wurde dann die dritte Stufe gezündet. Durch den Scheitelpunkt der Parabel betrug nun der Winkel zur Erdoberfläche 0 Grad und die Stufe erreichte die Orbitalgeschwindigkeit, ohne weitere Höhe aufzunehmen.

Beim Start des ersten französischen Satelliten Astérix fand die Zündung der dritten Stufe nach 452 Sekunden bei einer Geschwindigkeit von 2.520 m/s in 547 km Höhe statt, 880 km vom Startplatz entfernt. Schon 45 Sekunden später hatte der Satellit eine Geschwindigkeit von 7.710 m/s erreicht. Die Höhe lag bei 550 km. Der Brennschluss fand in 1.040 km Entfernung vom Startgelände statt. Bei Berücksichtigung der Erdrotation hatte Astérix eine Geschwindigkeit von 8.110 m/s erreicht – ausreichend für eine elliptische Bahn von 550 km bis 2.850 km Entfernung von der Erde und einer Bahnneigung von 34 Grad. Deutlich ist auch, dass die dritte Stufe den größten Teil der Geschwindigkeit (hier mehr als doppelt so viel wie die ersten beiden Stufen zusammen) aufbrachte und entsprechend leichtgewichtig konstruiert war.

Bei dieser Flugbahn musste der Impuls der dritten Stufe genau bekannt sein, damit diese von den beiden unteren Stufen auf eine ballistische Bahn mit vorgegebenen Parametern gebracht werden konnte. Da nur die erste Stufe die Möglichkeit zum vorzeitigen Brennschluss hatte, diese aber noch in der unteren Atmosphäre ihren Betrieb beendete, bedeutete dies, dass große Reserven einkalkuliert werden mussten, damit die Bahnhöhe nicht zu tief lag oder die Endgeschwindigkeit nicht zu gering war. Durch die Wahl des Neigungsprogramms der ersten Stufe konnte die Bahnhöhe festgelegt werden. In der Praxis resultierten aus diesen Reserven elliptische Bahnen. Moderne Typen wie die Vega lösen dieses Problem durch eine vierte Stufe, mit einer kleinen Menge an flüssigen Treibstoffen. Diese vierte Stufe kann dann Ungenauigkeiten und Abweichungen der unteren Stufen ausgleichen. Die Diamant A kam viermal in kurzer Folge zum Einsatz, weil man das Startgelände in der algerischen Wüste 1967 räumen musste. Zwischen den beiden letzten Starts lag sogar nur eine Woche, was schon damals beeindruckte, gab es doch nur eine Startrampe für die Diamant.

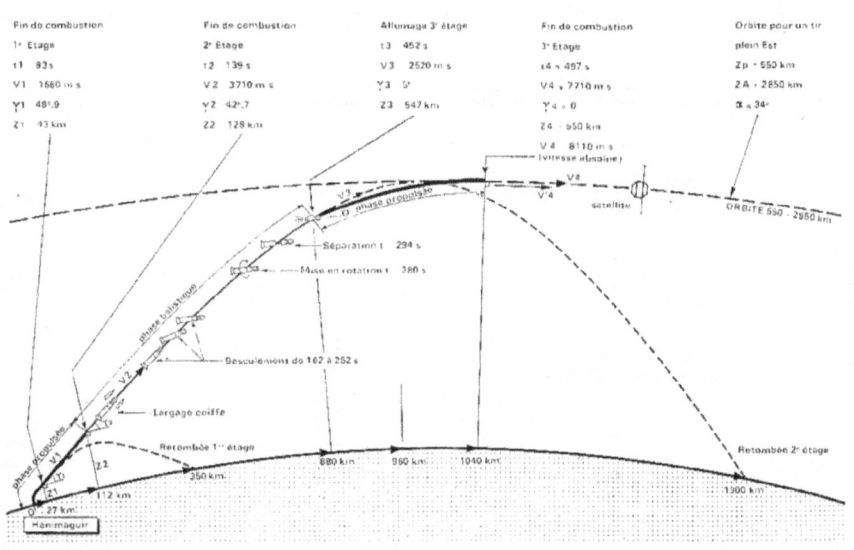

Abbildung 9: Aufstiegsbahn der ersten Diamant A

Typenblatt Diamant A	
Länge:	18,90 m
maximaler Durchmesser:	1,404 m (2,71 m mit Finnen)
Startgewicht:	18.408 kg
Einsatzzeitraum:	1965 – 1967
Starts:	4
Fehlstarts:	0
Zuverlässigkeit:	100%
Nutzlast:	130 kg (in einen 200 km hohen äquatorialen Orbit)
	100 kg (in einen 700 km hohen äquatorialen Orbit)
Stufe 1 Emeraude	
Länge:	9,62 m
Durchmesser:	1,403 m / 2,704 m mit Finnen
Startgewicht:	14.712 kg
Leergewicht:	1.950 kg
Triebwerk:	Vexin-B
Schub:	274 kN (Meereshöhe)
	310 kN (Vakuum)
Brenndauer:	93 s
Treibstoff:	Salpetersäure / Terpentin
Spezifischer Impuls:	1991m/s (Meereshöhe), 2.252 m/s (Vakuum)
Stufe 2 Topaze	
Länge:	4,70 m
Durchmesser:	0,80 m
Startgewicht:	2.930 kg
Trockengewicht:	670 kg
Triebwerk:	1 Feststoffantrieb mit 4 Expansionsdüsen
Schub:	150 kN (Vakuum)
Brenndauer:	44 s
spezifischer Impuls:	2.539 m/s (Vakuum)
Stufe 3 P0.64	
Länge:	2,06 m
Durchmesser:	0,66 m
Startgewicht:	712 kg
Leergewicht:	68 kg
Triebwerk:	1 Triebwerk
mittlerer Schub:	52 kN
Brenndauer:	45 s
spezifischer Impuls (Vakuum):	2.677 m/s
Nutzlasthülle	
Länge:	2,40 m
maximaler Durchmesser:	0,65 m
Gewicht:	45,3 kg

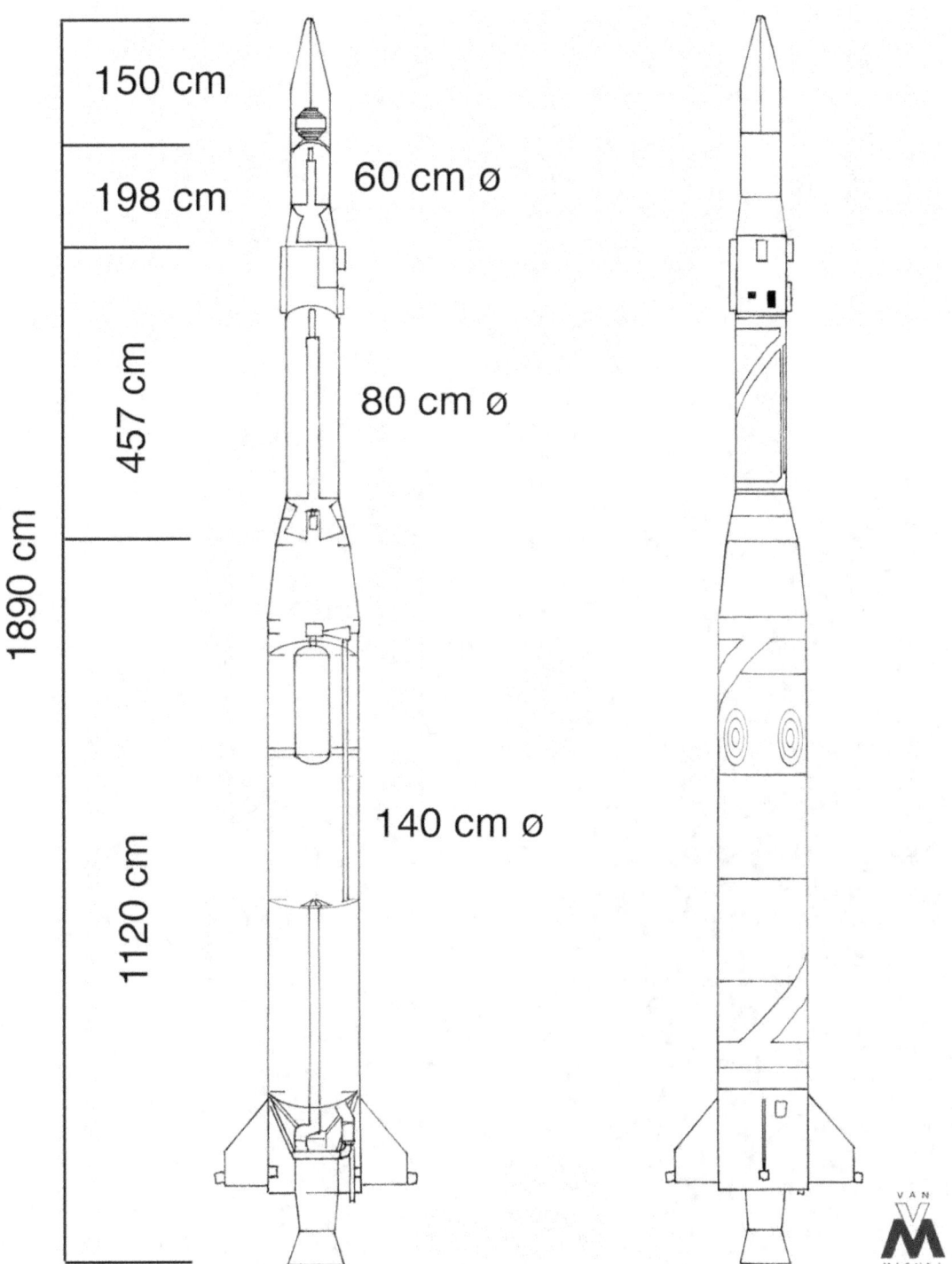

Abbildung 10: Querschnitt und Außenansicht der Diamant A © der Grafik: Michel Van

Abbildung 11: Start der ersten Diamant A © des Fotos: CNES

Diamant B

Die Version Diamant B ging auf den Vorschlag einer „Super-Diamant" aus dem Jahr 1965 zurück. Die erste Stufe wurde auf die energiereichere Kombination UDMH und NTO umgerüstet. Das erhöhte den spezifischen Impuls und Schub und erlaubte es, die erste Stufe zu verlängern. Die Entwicklung der Diamant B erfolgte nun durch die französische Weltraumorganisation CNES.

Der Startschuss zur Entwicklung der Diamant B fiel im Juli 1967. Untersucht wurden zwei verschiedene Konfigurationen. Im Gespräch war auch eine Erststufe mit 16 t festem Treibstoff, die vom Militär für die SSBS (sol-sol ballistique stratégique) Rakete der französischen U-Bootflotte entwickelt wurde. Mit maximal 200 kg Nutzlast wäre diese Lösung noch leistungsfähiger als die gewählte Kombination gewesen. Die CNES wollte jedoch nicht von einer militärischen Entwicklung abhängig sein und hoffte auch auf Startaufträge aus dem Ausland, weil so die Diamant eine rein zivile Rakete blieb.

Die Startkosten einer Diamant betrugen 7 Millionen Franc (540.000 Pfund). Das war zwar teurer als der Fertigungspreis einer Scout (450.000 Pfund), doch die Startkosten dürften vergleichbar gewesen sein. Die maximale Nutzlast der Diamant B betrug 190 kg in eine

Abbildung 12: Die erste Diamant B wartet auf den Start © des Fotos: CNES

äquatoriale 200 km hohe Bahn und 130 kg in eine polare Bahn mit derselben Höhe. In der Praxis war die Nutzlast aufgrund des Bahnregimes auf maximal 115 kg beschränkt.

Ursprünglich sollten sechs Diamant B gefertigt werden, davon nur zwei für die CNES, dagegen vier für die ELDO. Da die dritte Stufe auch als vierte Stufe für die Europa-II fungieren sollte, plante die ELDO Tests der P0.68 Stufe auf der Diamant, um Zeit und Kosten zu sparen. Aufgrund der Auflösung der ELDO wurden diese Aufträge annulliert und es wurden fünf Diamant B gebaut. Der erste Start fand mit zwei Satelliten statt, dem deutschen Satelliten Dial (auch Wika genannt) als Hauptnutzlast und Mika, einer französischen Plattform zur Messung und Übertragung zahlreicher Parameter der Diamant zur Optimierung folgender Flüge. Durch starke Vibrationen der ersten Stufe fiel Mika aus, während Dial über 70 Tage lang die Hochatmosphäre untersuchte. Geplant war eine Betriebszeit des batteriegespeisten Satelliten von 28 Tagen. Dial war die einzige, nicht französische Nutzlast, welche die Diamant je transportierte. Die sechste, nicht gestartete, Diamant B steht heute in einem Museum. Die Entwicklung kostete die CNES insgesamt 55 Millionen französische Francs.

Die Diamant B war die erste Trägerrakete, die vom Centre Spatial Guyanais aus startete. Die Diamant A wurde von Hammaguir in der algerischen Wüste aus gestartet. Algerien war seit 1962 unabhängig, die Basis dürfte von Frankreich jedoch noch bis 1970 genutzt werden. Für die Diamant B suchte man nach einem neuen Startgelände und fand es in dem französischen Übersee-Departement.

Die erste Stufe Améthyste

Das Triebwerk in der verlängerten Erststufe Améthyste musste auf die Treibstoffkombination NTO/UDMH umgerüstet werden. Der neue Antrieb hieß „Valois", benannt nach einer Grafschaft in Frankreich. Der Startschub von 348 kN war 72 kN höher als bei der Diamant A. Der Valois Antrieb war kardanisch aufgehängt und um 3,5 Grad schwenkbar. Die Steuerung um die Rollachse erfolgte durch zwei Hilfsruder, die beim Start über Feststoff-Hilfstriebwerke an ihrem Ende gestartet wurden. Nach der Startphase wurden die Ruder durch das Abgas des Gasgenerators pneumatisch bewegt. Die Kühlung der Brennkammer erfolgte wie beim Vexin durch Filmkühlung. Der Düsenhals aus Graphit war hochtemperaturfest und musste nicht gekühlt werden. Die Düse wurde strahlungsgekühlt.

Im Einspritzkopf befanden sich 410 Bohrungen für die Vermischung von Stickstofftetroxid und UDMH. Die Kühlung der Brennkammer erfolgte durch 41 Bohrungen entlang der Brennkammerwand, durch welche UDMH einströmte, verdampfte und so die Wand kühlte.

Es wurde die massive Bauweise der Tanks und die Förderung des Treibstoffs durch einen hohen Tankinnendruck beibehalten. Ebenso gibt es einen Feststofftreibsatz im Gasgenerator, der jedoch leicht verändert wurde. Das Massenverhältnis verbesserte sich, da nun die Tanks nur noch auf den praktisch genutzten Druck ausgelegt waren und somit leichter wurden. Auch stieg der spezifische Impuls durch die verwendete Treibstoffkombination leicht an.

Die zweite Stufe wurde unverändert von der Diamant A übernommen. Zwischen erster und zweiter Stufe befand sich ein 1,20 m langer Zwischenstufenadapter. Zwischen 1968 und 1969 fanden zwölf Bodentests der Améthyste und vier Flugversuche statt.

Améthyste	
Länge:	10,85 m, 13,26 m mit Stufenadapter
Durchmesser:	1,41 m, mit Finnen: 2,71 m
Startgewicht:	20.300 kg
Trockenmasse:	2.200 kg
Treibstoff:	18.100 kg (12.195 kg NTO + 5.875 kg UDMH) 300 kg für Feststofftreibsatz und Tetrahydrofuranol
Schub:	316 kN (Meereshöhe), 396 kN (Vakuum)
Brenndauer:	118 s
Spezifischer Impuls:	2.160 m/s (Meereshöhe), 2.461 m/s (Vakuum)

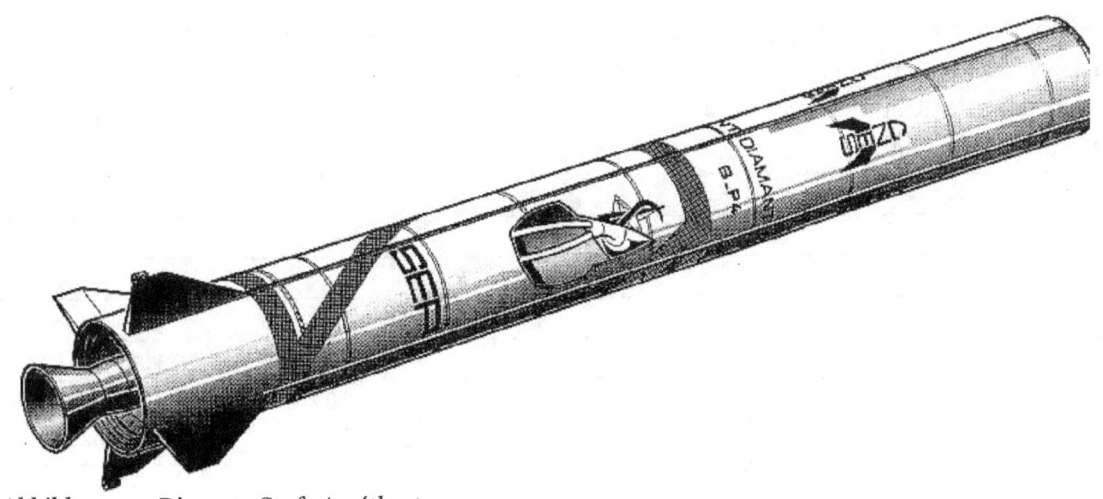

Abbildung 13: Die erste Stufe Améthyste

Die dritte Stufe P0.68

Die Diamant B erhielt eine neue Oberstufe mit der Bezeichnung P0.68 „Dropt". Ihr Antrieb war für die Europarakete als Perigäumsantrieb entwickelt worden. Er bestand aus einem Fiberglasgehäuse, einem Düsenhals aus Graphit und einer Expansionsdüse aus Silikat in Epoxidharz. Die Füllung mit Isolane 29/9 entsprach der des P0.6. Zum Wärmeschutz war die Brennkammer mit einem Überzug aus synthetischem Buna ausgekleidet. Der Brennkammerdruck betrug 12 bar. Der Antrieb war spinstabilisiert mit 180 U/min.

Die Entwicklung begann 1966 und endete mit einer erfolgreichen Qualifikation 1970. Es gab 15 Tests, davon drei mit dem Antrieb in Rotation und drei unter simulierten Höhenbedingungen. Insgesamt wurden zwölf Antriebe produziert, wovon acht flogen und dabei einwandfrei funktionierten. Die neue Oberstufe hatte keine höhere Performance. Sowohl ihr spezifischer Impuls als auch ihr Voll- und Leergewicht waren vergleichbar mit der P0.64. Ihr Durchmesser war aber größer und erlaubte so eine neue Nutzlastverkleidung. Die Nutzlasthülle bestand wie diejenige der Diamant A aus glasfaserverstärktem Kunststoff. Sie bot mit 0,85 m Durchmesser und 2,80 m Länge mehr Raum für die Nutzlast. Da die Nutzlasthülle auch die dritte Stufe umhüllte, wurde durch die kürzere Bauweise des P0.68 Antriebs das nutzbare Volumen deutlich vergrößert. Die CNES nutzte den größeren Raun für Doppelstarts leichter Satelliten.

Das Flugregime der Diamant B unterschied sich von demjenigen der Diamant A. Die dritte Stufe zündete nicht erst bei Erreichen des Scheitelpunktes der suborbitalen Bahn. Als Folge davon wurden niedrigere und weniger elliptische Bahnen erreicht und schwerere Nutzlasten transportiert. Von den fünf Starts, welche die Trägerrakete in drei Jahren absolvierte, scheiterten die beiden letzten Einsätze. Beim vierten Flug versagte die Topaze Zweitstufe und beim letzten Flug gelang es nicht, die Nutzlastverkleidung von der dritten Stufe zu lösen. Die Pause zwischen der Diamant A und B resultierte auch daraus, dass nun die Starts von Kourou aus stattfanden. Dazu mussten zuerst ein Startkomplex und die nötige Infrastruktur aufgebaut werden.

P0.68	
Länge:	1,667 m
Durchmesser:	0,80 m
Startgewicht:	780 kg
Leergewicht:	75 kg (95 kg mit Nutzlastadapter)
Schub:	30 bis 50 kN
Brenndauer:	45 s
Spez. Impuls:	2.697 m/s

Typenblatt Diamant B

Länge:	23,54 m
maximaler Durchmesser:	1.404 m
Startgewicht:	24.620 kg
Einsatzzeitraum:	1970-1973
Starts:	5
Fehlstarts:	2
Zuverlässigkeit:	60%
Nutzlast:	190 kg (in einen 200 km hohen äquatorialen Orbit)
	130 kg (in einen 200 km hohen polaren Orbit)
Stufe 1 Améthyste	
Länge:	13,20 m (10,85 m ohne Stufenadapter)
Durchmesser:	1,403 m (2,704 m mit Finnen)
Startgewicht:	20.300 kg
Leergewicht:	2.200 kg
Triebwerk:	1 Valois
Schub:	316 kN (Meereshöhe), 396 kN (Vakuum)
Brenndauer:	116 s
Treibstoff:	NTO / UDMH
spezifischer Impuls:	2.160 m/s (Meereshöhe), 2.461 m/s (Vakuum)
Stufe 2 Topaze	
Länge:	4,70 m
Durchmesser:	0,80 m
Startgewicht:	2.930 kg
Trockengewicht:	670 kg
Triebwerk:	1 Feststoffantrieb mit 4 Expansionsdüsen
Schub:	150 kN (Vakuum)
Brenndauer:	44 s
spezifischer Impuls:	2.539 m/s (Vakuum)
Stufe 3 „P0.68"	
Länge:	1.667 m
Durchmesser:	0,80 m
Startgewicht:	780 kg
Leergewicht:	95 kg
Triebwerk:	1 Triebwerk Dropt
maximaler Schub:	50 kN
Brenndauer:	46 s
Spezifischer Impuls (Vakuum)	2.696 m/s
Nutzlasthülle	
Länge:	2,80 m
maximaler Durchmesser:	0,85 m
Masse:	100 kg

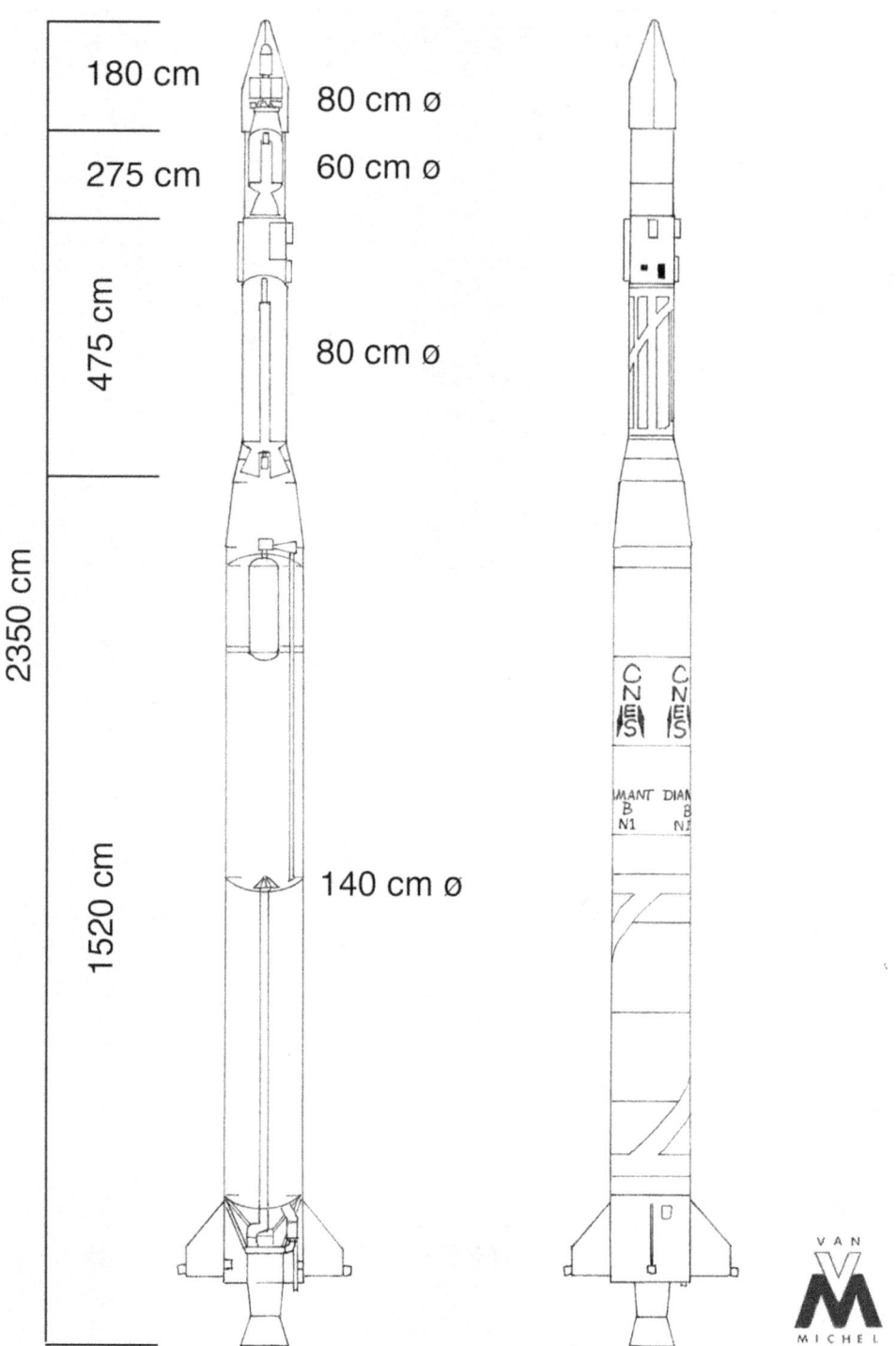

Abbildung 14: Querschnitt und Außenansicht der Diamant B © der Grafik: Michel Van

Abbildung 15: Start der zweiten Diamant B © des Fotos: CNES

Diamant BP.4

Die Entwicklung der letzten Version der Diamant wurde im Februar 1972 beschlossen. Ziel war es, die Nutzlast für höhere Bahnen deutlich zu erhöhen. Das zeigt ein Vergleich der Diamant BP.4 mit der Diamant B.

Die Entwicklung der Diamant BP.4 fand von 1971 bis 1974 statt, mit einem finanziellen Aufwand von 75 Millionen Francs. Sie war eines der wenigen Projekte, welche deutlich preiswerter wurden als geplant, denn die Entwicklungskosten wurden zunächst auf 100 Millionen Franc taxiert. Analog zur Entwicklung der Black Arrow beschloss die CNES aber schon am 14.10.1974, die Entwicklung und Produktion der Diamant einzustellen, da die Ariane die Mittel für die Trägerentwicklung auf Jahre hinweg binden würde. Anders als bei der Black Arrow wurden aber drei Exemplare geordert, weil noch so viele Nutzlasten auf einen Start warteten.

Die erste Stufe der Diamant BP.4 wurde weitgehend unverändert von der Diamant B übernommen, erhielt aber eine neue Elektronik.

Auch das Bodenkontrollzentrum in Kourou wurde aufgerüstet und erhielt einen Telemecanique T-2000 Rechner mit 15.000 Wort Haupt- und 256.000 Wort Hilfsspeicher.

Insgesamt hatte die Diamant in zehn Jahren zwölf Starts durchgeführt, davon zehn erfolgreich. Diese Zuverlässigkeit von 83,3% war für eine völlige Neuentwicklung ein respektabler Wert. Fünf der zehn gestarteten Nutzlasten befinden sich heute noch, vierzig Jahre nach dem letzten Start im Orbit.

Abbildung 16: Die Diamant BP.4 vor dem Start © des Fotos: CNES

Orbit	Diamant A	Diamant B	Diamant BP-4
300 km Bahnhöhe	130 kg Nutzlast	160 kg Nutzlast	200 kg Nutzlast
500 km Bahnhöhe		115 kg Nutzlast	145 kg Nutzlast
800 km Bahnhöhe		50 kg Nutzlast	90 kg Nutzlast

Die zweite Stufe P4

Die letzte Version der Diamant erhielt ihre Bezeichnung aufgrund der neuen, P4 genannten Zweitstufe. Sie wurde aus der französischen U-Boot-Lenkwaffe MSBS-1 (Mer-Sol Balistique Stratégique) entwickelt. Die P4 verwendete 4,0 t feste Treibstoffe (P für Poudre und 4 für 4 t Treibstoff). Die interne Bezeichnung war „Rita 1". Die Rita 1 beinhaltete nahezu die doppelte Treibstoffmenge wie die Topaze und erhöhte die Nutzlast um rund 20% gegenüber der Diamant B.

Der Treibstoff Isolane 36/9 befand sich in einer Brennkammer aus Graphit und Epoxidharz. Dieses Material löste den schwereren Stahl der Topaze ab. Die Stufe hatte ein einzelnes, nicht schwenkbares Triebwerk, mit einem Düsenhals aus Graphit und einer Düse aus Kohlenfaserverbundwerkstoffen. Die Düse war an der Außenseite verstärkt durch Windungen aus Refrasil, einem feuerfesten, faserigen Silikatmaterial. Die Stabilisierung erfolgte durch vier Einspritzdüsen für Freon in den Düsenhals zur Schubvektorsteuerung und durch kleine Raketen für die Rollsteuerung.

Auffällig war die hohe Leermasse von 700 kg, ein Erbe der Topaze. Es wurde dadurch verursacht, dass sich das gesamte Steuersystem in der zweiten Stufe befand. Es umfasste neben dem Kreiselsystem, Sensoren, Elektronik und Batterien auch acht Druckgastanks mit Stickstoff für die Rollmanöver und das Aufspinnen der dritten Stufe. Das Ausrüstungsmodul von 50 cm Länge wog 147 kg. Der Spin-Tisch für die dritte Stufe und das Heck der P4 wogen zusammen weitere 47 kg bei 1,51 m Länge. Beide Teile waren ringförmig und wurden aus einer leichten Aluminium-Magnesiumlegierung gefertigt.

Es gab jedoch Verbesserungen. Auch wenn die Leermasse der Zweitstufe gleich hoch wie bei der Topaze war, so hatte sich doch die Treibstoffmenge verdoppelt. Zudem wurde der Adapter zur ersten Stufe nach der Zündung abgesprengt, sodass die zweite Stufe im Betrieb etwas leichter wurde. Der Adapter zur ersten Stufe wurde etwas länger, wodurch deren Gesamtlänge von 14,01 m auf 14,68 m anstieg. Der 1,779 m lange, zylindrische Adapter wog 145 kg.

Die erste und dritte Stufe wurden unverändert von der Diamant B übernommen. Der 50 cm lange Drittstufenadapter aus Aluminium und Magnesium wog 23 kg. Ein Spannband verband die zweite und dritte Stufe. Nach dessen Durchtrennung drückten acht Federn die beiden Stufen auseinander.

P4	
Länge:	2,28 m
Durchmesser:	1,51 m
Startgewicht:	4.780 kg
Leergewicht:	745 kg
Schub (Vakuum):	180 kN
Brennzeit:	62 s
Spezifischer Impuls:	2.687 m/s (Vakuum)
Davon Stufenadapter zur ersten Stufe:	145 kg
Davon Druckgas / Spinstabilisierung:	47 kg
Davon Ausrüstungsteil:	147 kg
Davon Stufenadapter dritte Stufe:	23 kg

Nutzlastverkleidung

Bedingt durch den nun gleichen Durchmesser von erster und zweiter Stufe hatte die CNES sich auch für eine neue Nutzlastverkleidung entschlossen, welche die dritte Stufe mit umhüllte. Dabei übernahm die CNES die Hülle von der Black Arrow. Sie bot der Nutzlast mit 1,5 m³ Volumen erheblich mehr Raum als die vorherige Version mit nur 0,73 m³. Die Nutzlastverkleidung bestand aus Aluminium und Magnesium, hatte eine Länge von 3,46 m, einen Außendurchmesser von 1,38 m und einen nutzbaren Innendurchmesser von 1,23 m. Das Scheitern der letzten Diamant B, bei der sich die Nutzlastverkleidung nicht löste, könnte am

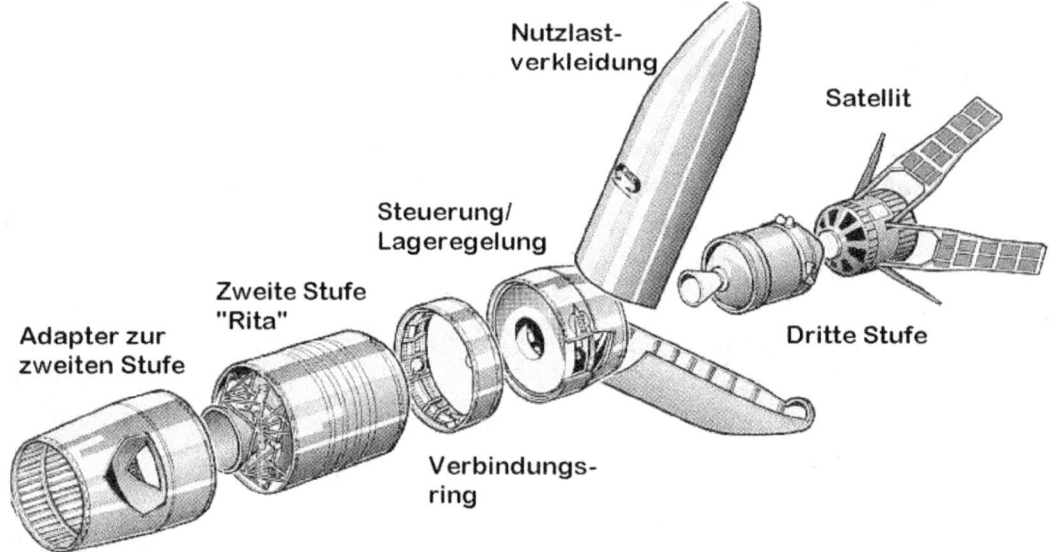

Abbildung 17: Zweite und Dritte Stufe der Diamant BP.4

Übergang vom schwereren Aluminium-Magnesium zum leichteren Glasfaserverbundwerkstoff in der Nutzlasthülle (wie auch in anderen strukturellen Teilen der Rakete) liegen. Ähnliche Erfahrungen hatten auch die USA gemacht. Bei der Raumsonde Mariner 3 schmolz eine Fiberglashülle durch die Reibung beim Aufstieg und ließ sich ebenfalls nicht lösen. Eventuell war dies auch die Ursache des Fehlstarts der Diamant B. Wie in den USA wurde dann wieder auf eine Nutzlastverkleidung aus Metall zurückgegriffen.

Nicht umgesetzte Versionen

Zeitweise war auch eine „Black Diamant" oder Diamant B/C (C für „Co-Operation") im Gespräch, bei der die zweite Stufe der Black Arrow die P4 ersetzen sollte. Diese hätte 190 kg in einen 300 km hohen Orbit gebracht. Eine weitere Option war eine vierte Stufe mit eigener, integrierter Steuerung, die von Deutschland beigesteuert werden sollte und die Nutzlast auf 240 kg hätte anheben können.

Auch eine Erweiterung der Diamant A durch Starthilfsraketen mit festen Treibstoffen wurde von der SEREB vorgeschlagen. Diese Idee und verschiedene Versionen der „Super-Diamant" und „Hyper-Diamant" mit Feststofftriebwerken in allen Stufen, wurde aber zugunsten der Entwicklung der Diamant B verworfen. Sehr frühe Pläne der Diamant sahen auch den Einsatz von Wasserstoff und Sauerstoff in den oberen Stufen vor. Ende der sechziger Jahre wurde auch das LOX/LH2 Triebwerk HM4 mit 40 kN Schub entwickelt. Es kam nicht zum Einsatz, war aber in den ersten Entwürfen der L3S als Drittstufentriebwerk geplant. Auf dem HM4 basierte aber später das HM7 der Ariane 1.

Es gab auch noch weitere Pläne für eine Leistungssteigerung der Diamant BP.4. Sie umfassten die Reduktion der Leermasse der zweiten Stufe und eine größere dritte Stufe. Eine Nutzlast von 280 kg, also eine Steigerung um 40%, sollte so möglich sein. Doch mit dem Beschluss, die Ariane zu entwickeln, stellte Frankreich sein nationales Programm ein und nach nur drei Flügen der Diamant BP.4 im Jahr 1975 wurde die Entwicklung der Diamant beendet. Ein Start dieses Trägers kostete 1975 etwa 14 Millionen Francs. Das war vergleichbar mit dem Preis einer Scout mit etwas höherer Nutzlast, die 1977 etwa zwei Millionen Dollar pro Start kostete.

Starts der Diamant

Nr.	Datum	Nutzlast	Trägerrakete	Startplatz	Umlaufbahn	Rückkehr	Erfolg
1	26.11.1965	Asterix	Diamant A	HMG Brigitte	527 × 1.802 × 34.2	Im Orbit	√
2	17.02.1966	Diapason D-1A	Diamant A	HMG Brigitte	502 × 2.734 × 34.0	Im Orbit	√
3	08.02.1967	Diademe D-1C	Diamant A	HMG Brigitte	569 × 1.351 × 39.9	Im Orbit	√
4	15.02.1967	Diademe D-1D	Diamant A	HMG Brigitte	590 × 1.882 × 39.4	Im Orbit	√
5	10.03.1970	Wika + Mika	Diamant B	CSG Diamant	313 × 1.607 × 5.4	05.10.1978	√
6	12.12.1970	Peole	Diamant B	CSG Diamant	509 × 742 × 15.0	16.06.1980	√
7	15.04.1971	Tournesol	Diamant B	CSG Diamant	457 × 695 × 46.3	28.01.1980	√
8	05.12.1971	D-2A Polaire	Diamant B	CSG Diamant			—
9	21.05.1973	D-5B + D-5A	Diamant B	CSG Diamant			—
10	06.02.1975	Starlette	Diamant BP.4	CSG Diamant	804 × 1.108 × 49.8	Im Orbit	√
11	17.05.1975	Pollux + Castor	Diamant BP.4	CSG Diamant	271 × 1.270 × 29.9	05.08.1975	√
12	27.09.1975	Aura	Diamant BP.4	CSG Diamant	501 × 711 × 37.1	30.09.1982	√

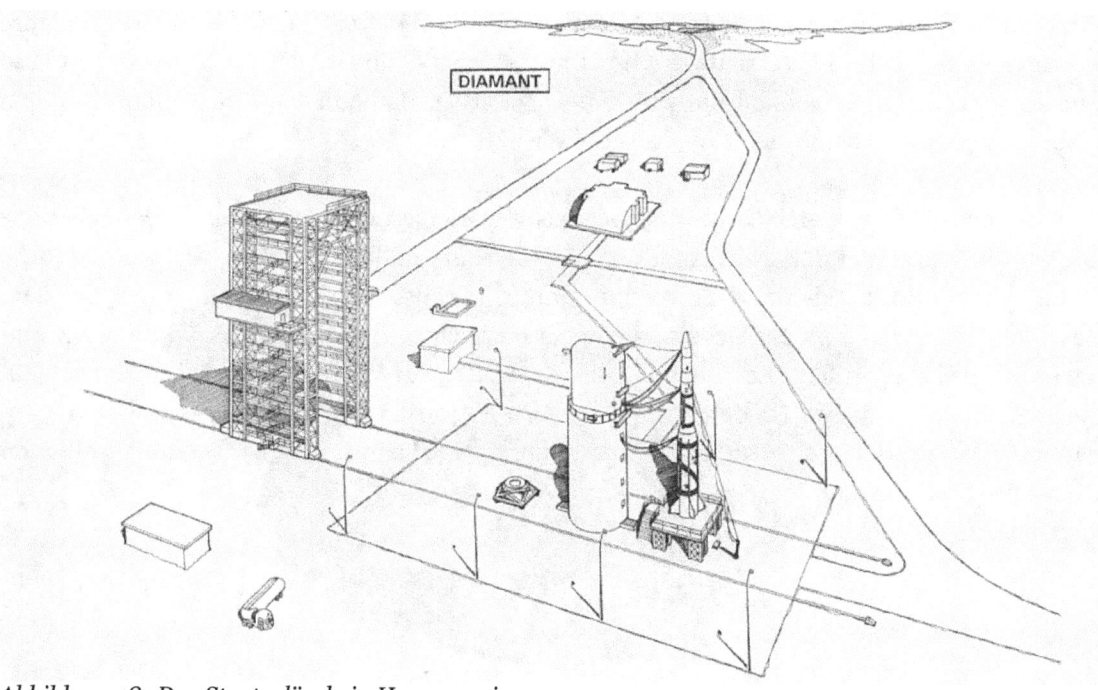

Abbildung 18: Das Startgelände in Hammaguir

Typenblatt Diamant BP.4	
Länge:	22,58 m
maximaler Durchmesser:	1,51 m
Startgewicht:	27.500 kg
Einsatzzeitraum:	1975
Starts:	3
Fehlstarts:	0
Zuverlässigkeit:	100%
Nutzlast:	220 kg (in einen 200 km hohen äquatorialen Orbit)
	145 kg (in einen 500 km hohen äquatorialen Orbit)
	100 kg (in einen 500 km hohen polaren Orbit)
Stufe 1	
Länge:	13,26 m
Durchmesser:	1,40 m
Startgewicht:	20.300 kg
Leergewicht:	2.200 kg
Triebwerk:	1 × Valois
Schub:	316 kN (Meereshöhe), 396 kN (Vakuum)
Brenndauer:	116 s
Treibstoff:	NTO / UDMH
Spezifischer Impuls:	2.026 m/s (Meereshöhe), 2.461 m/s (Vakuum)
Stufe 2 „P4"	
Länge:	2,28 m
Durchmesser:	1,51 m
Startgewicht:	4.795 kg
Trockengewicht:	745 kg
Triebwerk:	1 Triebwerk Rita 1
Schub:	180 kN (Vakuum)
Brenndauer:	62 s
Spezifischer Impuls:	2.687 m/s (Vakuum)
Stufe 3 „P0.68"	
Länge:	1.667 m
Durchmesser:	0,80 m
Startgewicht:	687 kg
Leergewicht:	67 kg
Triebwerk:	1 Triebwerk Dropt
mittlerer Schub:	50 kN
Brenndauer:	46 s
Spezifischer Impuls (Vakuum)	2.696 m/s
Nutzlasthülle	
Länge:	3,60 m
Durchmesser:	1,40 m
Gewicht:	68 kg

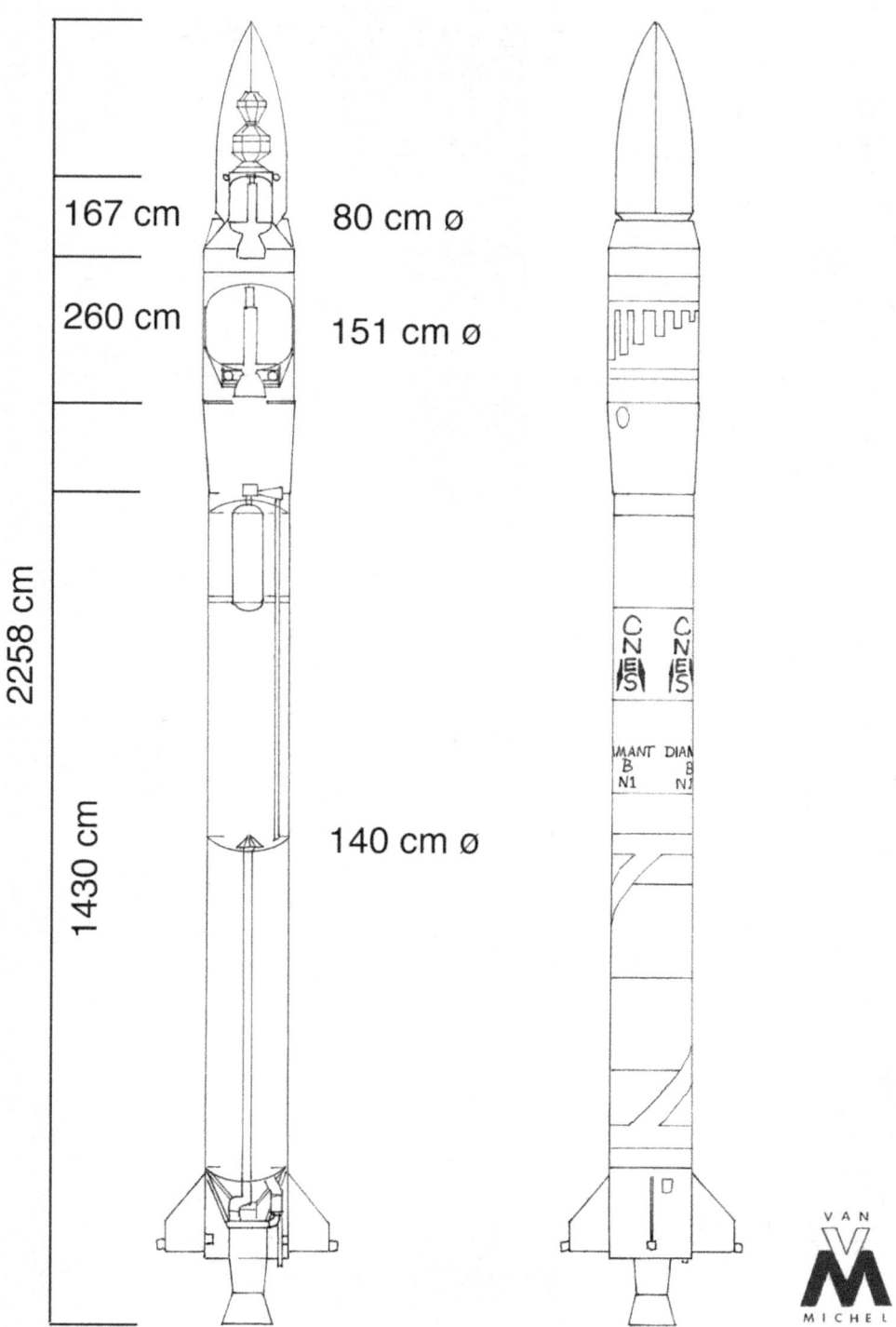

Abbildung 19: Querschnitt und Außenansicht der Diamant BP-4 © der Grafik: Michel Van

Abbildung 20: Start der ersten Diamant BP.4 © des Fotos: CNES

Quellen / Referenzen

AIAA 98-3980: G. Uhrig / D. Boury: „Large space solid rocket motors in Europe – Past and future developments"

Brian Harvey: „Europe's Space Program: To Ariane and Beyond"
ISBN: 9781852337223

Peter Always: „Rockets of the World"

Horst W. Köhler: „100 × Raumfahrt"

Mielke: „Lexikon der Raumfahrt und Weltraumforschung"

Peter Stache: Raumfahrt-Trägerraketen, zweite Auflage, 1973

Didier Capdevila: „Capcom Espace" (http://www.capcomespace.net)

Norbert Brügge: „Space Launch Vehicles of the World" (http://www.b14643.de/Spacerockets_1/index.htm)

Flight Global 27.7.1962 „Europe looks to Space"

Flight Global 15.8.1963 „Pierres Précieuses"

Flight Global 3.8.1967 „Diamant B Specifications"

Flight Global 10.2.1972 „France approves new Diamant"

Flight Global 4.5.1972 „Upgraded Diamant Control"

CNES: The Diamant Programme
http://www.cnes.fr/web/CNES-en/4997-the-diamant-programme.php

Black Arrow

Wie Frankreich wollte auch England sich als technologisch fortschrittliche Nation präsentieren und Mitglied im exklusiven Club der Nationen werden, die einen Satelliten mit ihrer eigenen Trägerrakete gestartet haben.

Die ersten Bestrebungen in diese Richtung gab es mit der Blue Streak. Die Blue Streak war eine in den Fünfziger Jahren bis zur Einsatzreife entwickelte Mittelstreckenrakete, deren militärische Verwendung vor der Stationierung im April 1960 aufgegeben wurde. Im Sommer 1960 wurde die Blue Streak auch für eine zivile, nationale, Verwendung in der Raumfahrt als zu teuer befunden. In der Folge versuchte England, andere Nationen im Commonwealth und in Europa dafür zu gewinnen, eine gemeinsame Rakete zu bauen. Diese Bemühungen führten schließlich zur Gründung der ELDO und zur Entwicklung der Europa-Rakete.

Das Grundproblem der Trägerentwicklung in England war der fehlende politische Wille. Zwar wollte die Regierung beweisen, dass England fähig ist, eine eigene Trägerrakete zu entwickeln, aber die dafür nötigen Mittel wollte sie nicht bereitstellen. Dies galt über die Parteigrenzen hinweg. In den Sechziger Jahren wechselten die Regierungen im kurzen Abstand die Zuständigkeiten der Ministerien änderten sich ständig. Schließlich landete die Raumfahrt sogar im Schifffahrtsministerium mit der Begründung, es gehe ja um „Space-Ships".

Abbildung 21: Ein Mockup der Black Arrow aufgebaut beim Startplatz in Woomera

Die Triebfeder hinter der gesamten britischen Trägerraketenentwicklung war die RAE, die „Royal Aircraft Establishment", ein halbstaatliches, britisches Luftfahrtunternehmen, welches unter anderem auch an der Entwicklung der Concorde und des Harrier Senkrechtstarters beteiligt war.

Nachdem die „große Lösung" Blue Streak keinen Zuspruch gefunden hatte, suchte die RAE nach preiswerteren Vorschlägen, welche auf vorhandener Technologie basierten. So war der nächste Vorschlag im Oktober 1961 darauf ausgerichtet, die Kosten zu minimieren. Er basierte auf einer Black Knight Erststufe, verstärkt durch zwei „Raven" Booster und zwei Oberstufen mit der Bezeichnung „Rock" und „Cuckoo". Die Stufen Raven und Cuckoo wurden schon in der Skylark Höhenforschungsrakete verwendet. Der Raven Booster verwandte festen Treibstoff, wog um die 1.200 kg und brannte 30 Sekunden lang. Die „Rock" Zweitstufe verwendete denselben Treibsatz wie der Raven Booster, jedoch mit verringerter Treibstoffzuladung. Diese Rakete hätte in zwei Jahren mit einem Finanzaufwand von 650.000 Pfund pro Jahr und Gesamtkosten von 1,5 Millionen Pfund entwickelt werden können. Die Nutzlast war jedoch auf nur 45 kg beschränkt. Sie hätte aber durch weitere Booster und größere Oberstufen auf etwa 90 kg gesteigert werden können.

Es zeigte sich, dass die Black Knight ein grundsätzliches Designproblem hatte. Die Rakete war ohne Oberstufe entwickelt worden, nur mit einer einfachen Nutzlast. Sie beschleunigte lediglich mit 1,3 g. Wenn nun eine oder zwei Oberstufen hinzukamen, reichte dieser Schub nicht mehr aus. Sie benötigte also in jedem Fall Starthilfsraketen. 1961 konnte sich die Regierung nicht für einen Satellitenträger erwärmen, aber als Zwischenschritt wurden die Gamma 201 Triebwerke der Black Knight im Schub gesteigert, um die Black Knight später als erste Stufe einer Trägerrakete einsetzen zu können. Ein weiterer Grund, der gegen diese kleine Trägerrakete sprach, war, dass sie bereits bei einer geringen Verschlechterung des Massenverhältnisses keine Nutzlast mehr in eine Erdumlaufbahn befördern könnte.

Im Jahre 1963 gab es von Bristol Siddeley einen neuen Vorschlag für eine britische Trägerrakete. Sie hatte drei Stufen und nutzte in jeder Stufe Wasserstoffperoxid als Treibstoff. Die erste Stufe wurde von vier Stentor-Triebwerken angetrieben, den Vorgängern der Gamma 201 Triebwerke, welche in der Blue Steel Abfangrakete eingesetzt wurden. Die zweite und dritte Stufe sollten aus der Black Knight und einer kleineren Stufe – ebenfalls mit einem Gamma Triebwerk ausgerüstet – bestehen. Die Entwicklung dieser Rakete sollte 10,47 Millionen Pfund kosten. Sie war etwa 80% größer als die Black Arrow und hätte einen 295 kg schweren Satelliten transportieren können. Diese deutlich leistungsfähigere Lösung war der britischen Regierung aber zu teuer.

Entwicklungsgeschichte

Im September 1964 schlug die Royal Aircraft Establishment erneut vor, die Black Knight zu nutzen, die in zweistufiger Version zu diesem Zeitpunkt schon 22-mal erfolgreich geflogen war. Inzwischen stand die schubstärkere Version mit Gamma 301 Triebwerken zur Verfügung. Eine Erweiterung um eine weitere Stufe hätte einen Satelliten von 144 kg in den Orbit bringen können. Ziel war es, die vierte Nation im Weltraum zu sein – nach der UdSSR, den USA und Frankreich, deren Erststart der Diamant für 1965 angekündigt war. Der Entwurf, der dann zur Black Arrow führte, sollte nur 2,915 Millionen Pfund für die Entwicklung (ohne Testsatellit und Testflüge) kosten. Dieser Vorschlag fand erstmals Zuspruch bei der britischen Regierung.

Als sich das Vereinigte Königreich schließlich für die Entwicklung einer eigenen Trägerrakete entschloss, lautete das oberste Gebot, dass so weit wie möglich Kosten eingespart werden sollten. Das gesamte Entwicklungsbudget der Black Arrow inklusive Bodenanlagen, Testflügen und Satelliten betrug am Schluss nur neun Millionen britische Pfund. Die Entwicklung begann nach der Wiederwahl der Labour Regierung im März 1966.

Den Namen „Black Arrow" bekam die Rakete im März 1967. Das Budget wurde auf drei Millionen Pfund pro Jahr festgelegt, gerade genug, um eine einzige Rakete pro Jahr zu fertigen. Drei Testflüge waren vorgesehen mit dem Ziel, mindestens einen Satelliten starten. Alle anderen Aspekte, wie hohe Nutzlast, technologische Finesse oder Ausbaufähigkeit waren nachrangig. Die Lösungsidee bestand darin, aus der Black Knight zwei Stufen zu entwickeln. Die damals eingesetzte zweite Version der Rakete hatte eine Startmasse von 6,35 t und vier Triebwerke. Der Durchmesser der ersten Stufe der Black Knight wurde vergrößert und die Anzahl der Gamma-Triebwerke verdoppelt. Das ergab die erste Stufe der Black Arrow.

Für die zweite Stufe benötigte die Trägerrakete dagegen nur zwei Brennkammern anstatt vier wie bei der Black Knight. Deswegen wurde die Triebwerkszahl für die zweite Stufe halbiert. Der Durchmesser der Black Knight von 1,37 m konnte dagegen beibehalten werden. Die Tanks wurden einfach gekürzt.

Der Waxwing Antrieb, der als dritte Stufe eingesetzt wurde, stammte ebenfalls von der Black Knight. Dort diente er dazu, Hitzeschutzschilde auf eine höhere Geschwindigkeit beim Wiedereintritt zu bringen, um sie besser testen zu können.

Die nominelle Nutzlast der Black Arrow betrug 102 kg für einen 500 km hohen Orbit mit einer Neigung von 81 Grad zum Äquator. Für niedrigere Bahnen stieg sie auf ein Maximum bei 134 kg für eine 200-km-Bahn an.

Als Nutzlast war zuerst ein 89 kg schwerer meteorologischer Satellit vorgesehen, der den Kohlendioxidgehalt der Atmosphäre bestimmen sollte. Ein zweiter Satellit sollte ein Ionentriebwerk erproben, mit dem die Black Arrow in 200 bis 300 Tagen etwa 34 kg in den geostationären Orbit hätte bringen können. Mit 120 kg Gewicht war dieser X-5 genannte Satellit hart am Limit der Möglichkeiten der Black Arrow. Der 4,5 Millionen Pfund teure Satellit wurde vom entsprechenden Ministerium gestrichen. Ob die schwere X-5 Nutzlast von der Black Arrow überhaupt transportiert werden konnte, hätte sich erst erweisen müssen.

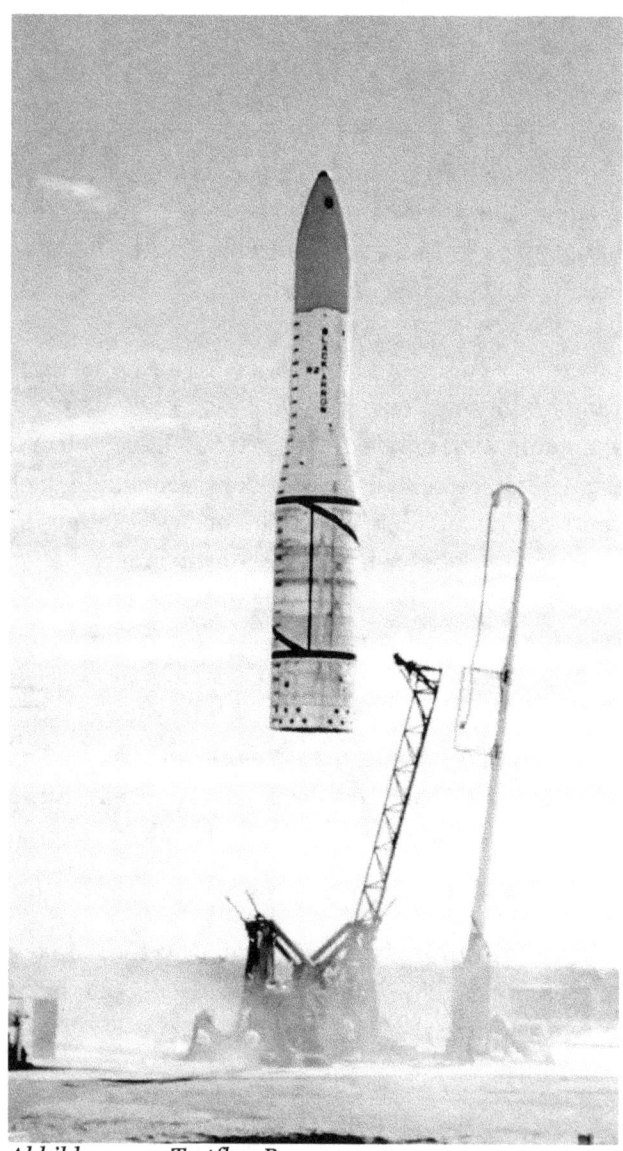

Abbildung 22: Testflug R2 am 2.9.1970

Als Startplatz war zuerst Norfolk im Gespräch. Die Aufstiegsbahn für polare Starts hätte von dort aus über den Atlantik geführt. Bei dieser Aufstiegsbahn war die Ölindustrie ein Problem. Ölbohrplattformen konnten, anders als Schiffe, nicht den Flugkorridor meiden. Die nächste Wahl waren die zu den äußeren Hebriden, einer Inselgruppe 60 km vor Schottland, gehörenden Inseln Nord und Süd-Uist. Da die Regierung aber befürchtete, Probleme mit der dortigen Bevölkerung zu bekommen, entschloss sie sich die Starts von Australien aus durchzuführen, wo es in Woomera schon ein erschlossenes Startgelände mit der nötigen Infrastruktur gab. Der einzige Nachteil dieser Lösungsvariante war, dass ein Schiff einen Monat brauchte, um die 16.000 km nach Australien zurückzulegen. Für den Start der Black Arrow wurde eine

Startrampe der Black Knight umgerüstet. Die Tests der Gamma Triebwerke und der Stufen fanden auf der Insel Wright statt, wo es schon von der Entwicklung der Black Knight einen Teststand gab.

Die Testflüge

Der erste Testflug einer Black Arrow hätte bereits am 23.6.1968 stattfinden sollen, doch die Startuhr fiel an diesem Tag aus. Als dieser Fehler behoben war, zog eine Wolkendecke heran und die Bedingungen für die optische Bahnverfolgung waren nicht mehr gegeben.

So fand der erste Start R0 (R=Research) einer Black Arrow am 28.6.1968 in Woomera in Australien statt. Dieser erste Flug wurde noch ohne dritte Stufe durchgeführt, sodass die Rakete keinen Orbit erreichen konnte. Praktisch vom Start an begann die Rakete zuerst, sich hin und her zu drehen und ging dann in eine Korkenzieher-ähnliche Schraubenbewegung über. Zuletzt fing sie an, sich in der Längsachse zu überschlagen und die Triebwerke setzten aus. In einer Höhe von 8 km kippte die Rakete und näherte sich wieder dem Boden, bis sie vom Sicherheitsoffizier in 3.500 m Höhe gesprengt wurde. Die Auswertung der Telemetrie zeigte, dass ein Triebwerkspaar dauernd hin und her schwankte. Eine Simulation bewies, dass dieses Verhalten wahrscheinlich durch einen Signalverlust am Triebwerk verursacht wurde. Als wahrscheinlichste Ursache galt ein gebrochener Draht, sodass die Triebwerke kein Signal für ihre Steuerung bekamen. Sie blieben damit in der Bewegung, die sie vor dem Signalverlust hatten.

Ursprünglich hätte der zweite Flug in einen Orbit führen sollen, doch der Fehlschlag zwang die Verantwortlichen dazu, die zweite Rakete nochmals genauestens zu prüfen und einen weiteren suborbitalen Testflug einzuschieben – und dies bei einem sehr engen Budget. Das war auch ein Rückschlag für die Bemühungen der RAE. Das Programm hatte keine Rücklagen für einen weiteren Erprobungsstart und war kurz vor der Einstellung. Der zweite Erprobungsflug R1 am 4.3.1969 verlief erfolgreich. Die Rakete erreichte mit zwei Stufen eine Entfernung von 3.050 km und schlug nach 15 Minuten im Indischen Ozean auf. Der erfolgreiche Flug verhinderte die Einstellung des Projektes.

Somit galten die ersten beiden Stufen als erprobt und nun ging es am 2.9.1970 an den ersten Startversuch R2 mit einem Satelliten. Die Nutzlast bestand aus dem 82 kg schweren X-2 Satelliten mit Instrumenten zur Messung der Dichte der oberen Atmosphäre. Nach der Zündung der zweiten Stufe entwickelte diese jedoch einen zu geringen Schub und schaltete 30 Sekunden zu früh ab. Die dritte Stufe arbeitete ordnungsgemäß, konnte aber die fehlende Geschwindigkeit nicht ausgleichen. Die Nutzlast ging verloren und fiel in den Indischen Ozean. Eine spätere Untersuchung zeigte, dass es ein Leck im Stickstoff-Druckgasbehälter

Abbildung 23: Ein einzelnes Gamma Triebwerk

der zweiten Stufe gegeben hatte. Dadurch wurde zu wenig Wasserstoffperoxid gefördert und der Schub sank. Das Triebwerk schaltete sich ab, als der weiter sinkende Druck ein Verbrauchen des Oxidators signalisierte. In Wirklichkeit gab es jedoch noch genügend Wasserstoffperoxid, aber es gelangte nicht mehr zum Triebwerk. Trotzdem erklärte die britische Regierung die Mission als teilweise erfolgreich.

Diese von der Opposition widersprochenen Einschätzung führte zur Einsetzung eines Komitees, welches das gesamte Projekt untersuchen sollte. Dieses sprach eine Empfehlung zur Einstellung der Entwicklung aus. Dem folgte die britische Regierung mit einem Beschluss am 29.7.1971. Es wurde jedoch gestattet, den noch anstehenden und schon teilweise vorbereiteten, vierten Start durchzuführen. Dieser geschah am 28.10.1971, als die vierte Black Arrow beim Start R3 den 66 kg schweren Satelliten Prospero (vorher Codename X-3) in einen elliptischen Orbit von 534 × 1.582 km Erdentfernung beförderte. Prospero war ein oktogonaler Satellit mit einem maximalen Durchmesser von einem Meter. Seine primären Aufgaben waren Mikrometeoritenmessungen und der Test funktechnischer Anlagen. Der für ein Jahr Betrieb ausgelegte Wissenschaftssatellit wurde 19 Monate lang betrieben, bis sein Bandrekorder ausfiel. Er wird noch weitere 100 Jahre die Erde umrunden. In der Entwicklung befand sich zu diesem Zeitpunkt noch der Satellit X-4, der sowohl für einen Start auf der Black Arrow als auch auf der Scout ausgelegt war. Da aber seine Fertigstellung aus damaliger Sicht noch drei Jahre in der Zukunft lag, lohnte es sich nicht, die Black Arrow so lange aktiv zu halten, nur um diesen einen Satelliten zu transportieren. X-4 wurde unter der Bezeichnung Mrianda am 9.3.1974 mit einer Scout D gestartet.

Die letzte Black Arrow, die zu diesem Zeitpunkt schon fertiggestellt war, ist seitdem im Science Museum in London ausgestellt. Die erste Stufe des letzten Starts, die in Australien niederging, wurde geborgen, und ist in Woomera neben einem Mockup einer weiteren Black Arrow zu besichtigen. (Siehe Abbildung 21, Seite 47). Im gleichen Jahr beschloss die britische Regierung auch den Ausstieg aus der ELDO. Bis heute ist Großbritannien die einzige Weltraumnation, die einmal eine eigene Rakete entwickelte und nach ihrem erfolgreichen Einsatz beschloss, alle Aktivitäten auf dem Gebiet der Raketenentwicklung einzustellen. Im Januar 1973 unterzeichnete England mit den USA einen Vertrag, der es erlaubte, alle zukünftigen Satelliten mit der Scout zu starten. Damit endete das britische Engagement bei den Trägerraketen. Dabei ist es bis heute geblieben. In der Trägerraketenentwicklung wurde England inzwischen von Nationen wie Nord-Korea und dem Iran überholt.

Die gesamte Entwicklung der Black Arrow kostete England von 1965 bis 1971 insgesamt 22,5 Millionen Pfund, anfangs drei Millionen Pfund jährlich, gegen Ende des Programms auf fünf Millionen ansteigend. Charakteristisch bei der Entwicklung war, dass durch das konstante und niedrige jährliche Budget die Kosten für den Betrieb der Testanlagen und des Startzentrums höher waren, als die Produktionskosten der Träger. So war das Programm auch deutlich teurer als ursprünglich angenommen. Verglichen mit den rund 90 Millionen Pfund, welche im gleichen Zeitraum seitens England in die ELDO gezahlt wurden, war es ein vergleichsweise kleines Projekt.

Abbildung 24: Geborgene Erststufe der Black Arrow

Wasserstoffperoxid – ein ungewöhnlicher Treibstoff

In der Black Arrow wurde die Kombination von 85% Wasserstoffperoxid und Kerosin verwendet. Es folgt eine kleine Einführung in diesen ungewöhnlichen Oxidator, da die Black Arrow als einzige Rakete diese Kombination verwendete.

Wasserstoffperoxid ist ein Wassermolekül, das ein zweites Sauerstoffatom gebunden hat. Anders als die Bindung des ersten Sauerstoffatoms ist diejenige des zweiten Sauerstoffatoms nur locker, weswegen dieses Atom leicht aus dem Wasserstoffperoxidmolekül freigesetzt werden kann. Das geht durch Erhitzen, aber auch katalytisch beschleunigt durch Metalle wie Silber oder Platin oder andere Katalysatoren wie Kaliumpermanganat. Die maximal mögliche Konzentration einer Wasserstoffperoxidlösung würde theoretisch 90% betragen. Gängiges Wasserstoffperoxid, das im Handel zu erhalten ist, hat aber nur eine Konzentration von maximal 35%. Standardisiert sind Lösungen mit Konzentrationen von 15% und 30%. In der Industrie sind Konzentrationen bis zu 50% üblich. Noch höher konzentriertes Wasserstoffperoxid wird kaum eingesetzt, da bei Konzentrationen über 60% die Selbstzersetzung durch Reaktionswärme rapide ansteigt und es sich explosiv in Sauerstoff und Wasser zersetzt. Diese Neigung zur explosiven Selbstzersetzung ist auch der Grund, warum im normalen Handel die Konzentration von 85% nicht erhältlich ist, welche die Black Arrow verwendete. Um solche Konzentrationen zu erhalten, muss das Wasserstoffperoxid durch Destillation angereichert werden. So hochkonzentriertes Wasserstoffperoxid (HTP: **H**igh **T**est **P**eroxide) entzündet spontan fast alle organischen Materialien. Das ist ein Problem bei der Lagerung. Niedrig konzentriertes Wasserstoffperoxid zersetzt sich unter idealen Bedingungen nur sehr langsam, etwa 0,1 bis 0,4% pro Jahr. Dies ist aber nur gegeben, wenn es nicht mit Metall in Berührung kommt. Das für zahlreiche Tanklegierungen verwendete Nickel führt zu einer raschen Zersetzung. Bei der Black Arrow wurde ein Silberschwamm benutzt, um das Wasserstoffperoxid im Gasgenerator der Triebwerke zu zersetzen.

Die wichtigste Anwendung von Wasserstoffperoxid in der Raketentechnik war als monergoler Treibstoff – Wasserstoffperoxid war Treibstoff und Oxidator in einem. Wird es katalytisch zersetzt, so entstehen Wasser und Sauerstoff, aber auch Wärme, welche das Gasgemisch erhitzt. So wurde es in der A-4, der Semjorka (dem Urahn der heutigen Sojus Trägerrakete) und zahlreichen frühen Trägerraketen eingesetzt, um im Gasgenerator heißes Gas zu erzeugen, welches die Turbinen für die Treibstoffförderung antrieb. Später wurde zu diesem Zweck ein Teil des Brennstoffs mit wenig Oxidator verbrannt. Damit konnte auf die Mitführung eines weiteren Treibstoffs verzichtet werden. Im Dritten Reich arbeitete das Jagdflugzeug Messerschmidt Me 163 mit einem Raketenantrieb, der Wasserstoffperoxid (80%) mit einer Methanol/Hydrazinmischung verbrannte. Dieses Wasserstoffperoxid wurde mit 8-Hyroxichinolin versetzt, dass Metallspuren und den durch die Zersetzung freigesetzten Sauerstoff chemisch band, so wurde die explosive Selbstzerstörung herabgesetzt.

Eingesetzt wurde Wasserstoffperoxid auch als Lageregelungstreibstoff oder in kleinen Stabilisierungstriebwerken für Freiflugphasen von Oberstufen, zum Beispiel in den ersten Versionen der Centaur. Hier wurde es von Hydrazin verdrängt. Hydrazin liefert einen höheren spezifischen Impuls und hat den praktischen Vorteil, dass es sich bei normalen Temperaturen nicht selbst zersetzt.

Als Oxidator für eine Trägerrakete wurde Wasserstoffperoxid nur bei der Black Arrow eingesetzt. Was sprach dafür und was dagegen? Wasserstoffperoxid kann auch als eine Mischung von Wasser mit Sauerstoff betrachtet werden. Ein Mol wiegt 34 g und besteht aus einem Wassermolekül (18 g) und einem Sauerstoffatom (16 g). Außerdem ist Wasserstoffperoxid einer der Treibstoffe mit der höchsten spezifischen Dichte – ein Liter hat ein Gewicht von 1,48 kg.

An der Reaktion mit dem Kerosin nimmt nur der Sauerstoff teil. Er entzündet sich mit Kerosin hypergol. Das bedeutet, beide Substanzen entzünden sich bei Kontakt ohne Zündflamme oder Zündfunken. Dieser praktische Vorteil führte bei anderen Trägern zur Wahl von NTO und UDMH als Treibstoffkombination.

Das Wasser im Treibstoff hat auch einen Nachteil. Das Wasser ist inert, es nimmt nicht an der chemischen Reaktion teil. Dadurch ist der spezifische Impuls, also die Ausströmgeschwindigkeit der Gase an der Düsenmündung, viel geringer als bei der Verbrennung von Sauerstoff und Kerosin. Die Ausströmgeschwindigkeit ist ein wichtiges Maß für den Rückstoß, welcher die Rakete antreibt.

Das Wasser hat aber auch positive Wirkungen, es senkt die Anforderungen an die Technik. Die Temperaturen in der Brennkammer sind geringer. So sinkt die Brennkammertemperatur bei stöchiometrischer Verbrennung von 3.687 K (bei deer Verbrennung von Kerosin mit Sauerstoff) auf 3.008 K. Bei der Black Arrow lag sie sogar bei nur 2.600 K.

Man kann Wasserstoffperoxid, anders als flüssigen Sauerstoff, auch zur Kühlung der Brennkammer nutzen. Es zersetzt sich zwar, doch das dabei entstehende Wasser kühlt besonders gut. Wasserstoffperoxid ist im Überschuss vorhanden, da durch das enthaltene Wasser das Mischungsverhältnis mit Kerosin viel größer als bei reinem Sauerstoff ist.

Sauerstoff wird mit Kerosin im Verhältnis von 2,6 zu 1 eingesetzt, Wasserstoffperoxid dagegen im Verhältnis von 7 zu 1. Das im Molekül enthaltene Wasser senkt auch die mittlere

Molekularmasse der Abgase. Da von dieser der spezifische Impuls entscheidend abhängt, ist der Verlust nicht ganz so hoch wie erwartet. Das liegt auch daran, dass Wasserstoffperoxid mit Kerosin meistens im stöchiometrischen Verhältnis verbrannt wird. Bei der Verbrennung von Sauerstoff mit Kerosin wird, wie bei fast allen anderen Kombinationen auch, der Verbrennungsträger im Überschuss eingesetzt. Dadurch werden die Temperaturen in der Brennkammer gesenkt und es kann besser gewährleistet werden, dass der Oxidator nicht lokal im Überschuss vorliegt und die Brennkammerwand schädigt. Vor allem wird die mittlere Molekularmasse der Abgase gesenkt. Bei der Verbrennung von Kerosin im Überschuss mit Sauerstoff entsteht in der Regel Kohlenmonoxid anstelle von Kohlendioxid. Dieses hat die Atommasse 28 statt 44 und senkt so die mittlere Molekularmasse der Abgase. Da die Geschwindigkeit eines Gases nur von der Temperatur und der Molekularmasse abhängt, sinkt dadurch der spezifische Impuls im Vergleich zu einer Verbrennung im stöchiometrischen Verhältnis kaum ab.

Bei dem Einsatz von Wasserstoffperoxid muss auf diesen Aspekt nicht Rücksicht genommen werden, da das enthaltene Wasser die mittlere Molekularmasse der Gase senkt. In der Summe reagiert Wasserstoffperoxid mit Kerosin nach folgender Formel:

$(CH_2)_n + 3\ H_2O_2 \rightarrow 4\ H_2O + CO_2$
100 + 728 → 514 + 314 g (Gewichtsverhältnisse)
Dagegen reagiert Kerosin mit Sauerstoff nach folgender Formel:

$(CH_2)_n + 1.5\ O_2 \rightarrow H_2O + CO_2$
100 + 343 → 129 + 314 g (Gewichtsverhältnisse)

Daraus ist erkennbar, dass das Mischungsverhältnis mit Wasserstoffperoxid als Oxidator bedeutend höher ist und vier Wassermoleküle bei der Verbrennung eines Kohlenstoffmoleküls entstehen, statt nur eines. Das Mischungsverhältnis lag bei der Black Arrow bei 8,13 zu 1, was bei der Berücksichtigung der Konzentration des Wasserstoffperoxids von 85% einem Verhältnis von 6,9 zu 1 der Reinsubstanzen entsprach.

Eine der Folgen der Verbrennung im stöchiometrischen Verhältnis war, dass die Black Arrow mit einer nahezu farblosen Flamme startete. Es kam bei der Black Arrow praktisch nicht zur Bildung von Graphit, welcher die Flamme bei der Kombination LOX und Kerosin rot färbt und die Rußfahne verursacht. Die Verbrennung in dem Triebwerk der Black Arrow erzeugte eine große Wasserdampfwolke. Ein Start dieses Raketentyps ähnelte stark dem einer Rakete mit Wasserstoff und Sauerstoff als Treibstoff. Heute würde man den Treibstoff als „umweltfreundlich" (environment-friendly, green fuel) bezeichnen.

Die Wahl von Wasserstoffperoxid in England entstand aus der Überlegung heraus, es zuerst für Höhenforschungsraketen einzusetzen. Diese starteten von britischem Territorium und daher war es notwendig, dass es selbst bei einem Unglück zu keiner Verseuchung des Bodens und des Grundwassers kommen konnte. Weiterhin konnte diese Treibstoffkombination sicher gelagert werden. Eventuell übernahm man auch einfach die Vorentwicklungen in Deutschland, die zwei Jagdflugzeuge und die Flugabwehrraketen Enzian auf Basis von Triebwerken, die diesen Treibstoff nutzten entwickelt hatten. So verliefen auch die ersten Entwicklungen der Raketentechnik in den USA, Russland und Frankreich. Später setzte das geringe Entwicklungsbudget für die Black Arrow die Grenze. Damit war die RAE praktisch dazu gezwungen, die existierenden Triebwerke zu verbessern und zu bündeln.

Abbildung 26: Gamma 2 Triebwerke

Das Gamma Triebwerk

Die Verwendung der ungewöhnlichen Treibstoffkombination Wasserstoffperoxid und Kerosin ging auf den deutschen Raketeningenieur Dr. Hellmuth Walter zurück, der nach dem Zweiten Weltkrieg bei den Engländern seine Arbeit an Raketentriebwerken fortsetzte. Im Zweiten Weltkrieg hatte er Wasserstoffperoxid als Oxidator für das Triebwerk des Messerschmidt Me-163 Raketenjägers verwendet und als Antrieb für U-Boote getestet. (Walter-Antrieb).

Das Gamma Triebwerk wurde in der ersten Version Gamma-201 für die Black Knight entwickelt. Es hatte vier Brennkammern mit einem gemeinsamen Gasgenerator und einer gemeinsamen Turbopumpe, welche einen Druck von 31 bis 32 bar erzeugte. Es war ein Vierkammertriebwerk. Vierkammertriebwerke setzten auch die Sojus und Zenit in den ersten Stufen ein. Je zwei Düsen waren zusammen schwenkbar, das eine Paar in der X-Achse, das andere in der Y-Achse. Die Brennkammer war aus Metallröhrchen gefertigt, die von Spannbändern zusammengehalten wurden. Das gesamte Design war sehr einfach. So musste der Gasgenerator nur mittels Silber einen Teil des Wasserstoffperoxids zersetzen, um genügend heißes Gas für die Turbine der Turbopumpe zu erzeugen. Nach der Entwicklung von 1955 bis 1957 folgten zwölf Black Knight Starts mit diesem Triebwerk.

Das Gamma-301 entstand als Weiterentwicklung des Gamma-201 Triebwerks. Es wurde von 1958 bis 1960 ursprünglich für die Blue Streak Mittelstreckenrakete entwickelt. Doch England wählte zunächst für die Blue Streak andere Triebwerke aus, nämlich diejenigen der Jupiter, welche in Lizenz gebaut wurden. Danach wurde das Gamma-301 bei den beiden letzten Flügen der Black Knight eingesetzt. Der wesentliche Unterschied zum Gamma-201 lag im höheren Brennkammerdruck von 33 bar bei der ersten und 44 bar bei den späteren Versionen.

Aus dem Gamma-301 entstand das Gamma-2 als Triebwerk für die zweite Stufe der Black Arrow. In dieser Anwendung war ein geringerer Schub notwendig, doch dafür musste das Triebwerk im Vakuum arbeiten. Das Gamma-2 hatte daher nur zwei Düsen, diese waren verlängert, um den Treibstoff besser ausnutzen zu können. Die Gamma-2 Triebwerke waren nicht parallel angeordnet, sondern in einem spitzen Winkel zur Längsachse der Stufe. Diese Anordnung fand sich auch bei den Gamma-8 Triebwerken der ersten Stufe, jedoch in einem kleineren Winkel. Die Düse hatte ein Expansionsverhältnis von 300 zu 1, also ein sehr hohes Verhältnis. Der spezifische Impuls war aufgrund der gewählten Treibstoffkombination trotzdem nur mittelmäßig.

Die erste Stufe der Black Arrow wurde von Gamma-8 Triebwerken angetrieben. Diese entstanden aus dem Gamma-301, verwendeten aber acht Brennkammern mit Expansionsdüsen, welche jeweils in Paaren schwenkbar waren. Der Gesamtschub betrug 222,4 kN am Boden und 256,3 kN im Vakuum. Das Expansionsverhältnis betrug 80 zu 1, sehr hoch für ein Erststufentriebwerk. Durch die niedrigen Verbrennungstemperaturen hatten die Triebwerke eine für Raketen erstaunlich lange Lebensdauer von 20 Stunden. Allerdings war der Katalysator im Gasgenerator nach zwei Stunden verbraucht. Das Design wurde daher so ausgelegt, dass der Silberschwamm auf einfache Weise ausgewechselt werden konnte. In der ersten Stufe der Black Arrow wurden die acht Triebwerke in zwei konzentrischen Kreisen angeordnet. Je eine Turbopumpe förderte den Treibstoff für ein beieinanderliegendes Triebwerkspaar bestehend aus einem Triebwerk des inneren Rings und äußeren Rings. Damit waren es physikalisch vier Triebwerke mit acht Brennkammern. In der zweiten Stufe war es eine Turbopumpe die zwei schwenkbare Brennkammern versorgte.

Eine Besonderheit des Gamma Triebwerks war, dass es nach dem Prinzip des geschlossenen Kreislaufes arbeitete. Nach der Zersetzung des Wasserstoffperoxids im Gasgenerator trieb das heiße Gas zunächst die Turbine und Turbopumpe an und wurde anschließend in die Brennkammer zusammen mit dem Kerosin eingespritzt.

Da man den Schub gegenüber dem Walther-Antrieb HWK 109-509 aus dem Zweiten Weltkrieg kaum gesteigert hatte (schon dieser erreichte einen Schub von 20 kN) benötigte die Black Arrow trotz ihrer geringen Masse acht Brennkammern in der ersten Stufe.

	Gamma-201	Gamma-301	Gamma-8	Gamma-2
Schub:	74,4 kN	97,9 kN	222,4 / 256,3 kN	68,2 kN
Brennkammern:	4	4	8	2
Pro Brennkammer:	18,6 kN	24,5 kN	27,8 kN	34,1 kN
Brennkammerdruck:	32 bar	44 bar	44 bar	44 bar
Spez. Impuls:	2.432 m/s	2.472 m/s	2128 / 2.472 m/s	2.600 m/s (Vakuum)

Die Technik der Black Arrow

Die Black Arrow gilt als die „fetteste" Rakete, die jemals einen Orbit erreichte. Sie hatte das niedrigste Verhältnis von Länge (12,90 m) zu maximalem Durchmesser (2,00 m). Der Primärkontraktor war Westland Aircraft und die Gamma Triebwerke stammten von Bristol Siddeley Engines.

Stufe 1

Die erste Stufe der Black Arrow hätte ursprünglich dazu geeignet sein sollen, die zweite Stufe der Europa-Trägerrakete zu ersetzen. Durch die Verzögerungen bei der Entwicklung der Black Arrow kam dies jedoch nicht zustande, doch am Design kann man den geplanten Einsatzzweck gut erkennen. Die Coralie war mit 5,50 m Länge fast gleich lang und wies denselben Durchmesser auf. Die Auslegung als mögliche zweite Stufe der Europa war auch

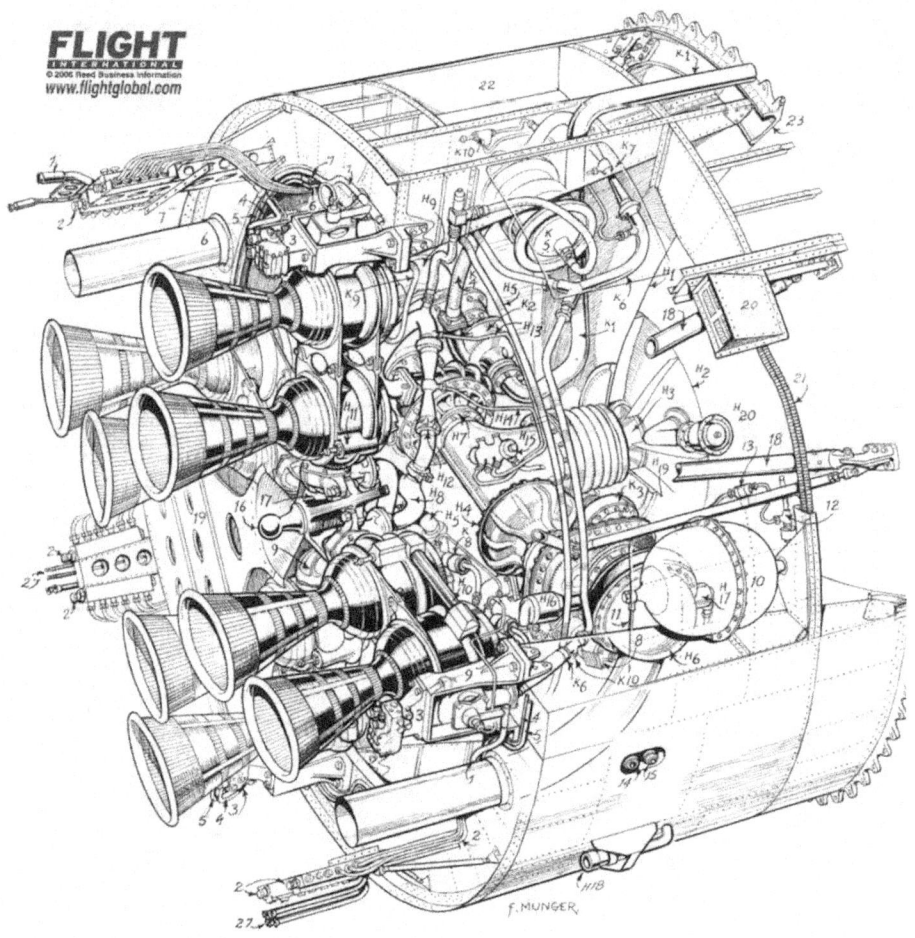

Abbildung 27: Ansicht des Hecks der ersten Stufe © der Grafik: Flightglobal.com

daran zu erkennen, dass die Triebwerke innerhalb eines durchlöcherten Ringes (dem Stufenadapter) saßen und damit beim Start nicht zu sehen waren. In diesem Adapter befand sich ein eigener Starttank für das HTP – auch dieser wäre bei einer Bodenzündung nicht notwendig gewesen.

Die acht Brennkammern des Gamma-8 Triebwerks bildeten einen viereckigen Stern mit zwei Triebwerken pro Strahl. Zwei Turbopumpen trieben jeweils vier Brennkammern an. Die Bewegung der Triebwerke erfolgte mittels Hydraulikaktoren, die ihre Kraft von den Turbopumpen eines Triebwerks erhielten. Zur Versorgung der Hydraulik befand sich ein Öltank im Unterteil der Stufe. Das Öl schmierte auch die beweglichen Teile des Triebwerks. Von unten nach oben folgte auf die Triebwerkssektion der untere Wasserstoffperoxidtank und darüber der linsenförmige Kerosintank. Die Tanks wurden mit Stickstoff unter Druck gesetzt. Der Druck betrug 0,84 bar im HTP-Tank und mindestens 0,35 bar im Kerosin Tank. Beim HTP-Tank wurde der Druck während des Betriebs aktiv aufrechterhalten, beim Kerosintank reichte hingegen der anfängliche Tankdruck. Zur Erzeugung des Tankdrucks waren Druckgasflaschen mit gasförmigem Stickstoff in den Zwischentanksektionen von erster und zweiter Stufe angebracht.

In der Sektion zwischen den beiden Treibstoffbehältern befand sich das Ausrüstungssegment der ersten Stufe mit Batterien und Verstärkern. Sie wurde, anders als die Sektion der zweiten Stufe, nicht unter Druck gesetzt. Die Tanks bestanden aus Duralaluminium, einem Metall, das HTP nicht zersetzt. Die Leitungen von den Triebwerken zu den Tanks führten bei beiden Stufen an der Außenseite der Rakete entlang. In der Summe wies die erste Stufe eine geringe Trockenmasse auf.

Stufe 1	
Länge:	5,80 m
Durchmesser:	2,00 m
Startgewicht:	14.102 kg
Trockengewicht:	1.106,8 kg
Treibstoff: davon Wasserstoffperoxid davon Kerosin	13.034 kg 11.797 kg 1.427 kg (8,2: 1)
Wasserstoffperoxidtank:	2,56 m Länge, 9,09 m³ Volumen, 11.797 kg Fassungsvermögen
Kerosintank:	2,13 m³, 1.450 kg Fassungsvermögen
Triebwerkssektion:	1,37 m Höhe, 8 × 27,8 kN Startschub, 8 × 32 kN Vakuumschub
Betriebszeit:	125 bis 140 s

Stufe 2

Die zweite Stufe gliederte sich in vier Sektionen – dem Antriebsteil, dem HTP-Tank, einer Zwischenstruktur für die Bordelektronik und dem oberen Kerosintank. Auch hier wurde eine leichte Aluminiumlegierung für die Strukturen verwendet.

Die beiden Brennkammern des Gamma-2 Triebwerks der zweiten Stufe waren kardanisch aufgehängt und konnten in der X- und der Y-Achse geschwenkt werden. Die Servomotoren zum Schwenken der Triebwerke benötigten eine geringere Leistung als bei der ersten Stufe. Die Kraft wurde von der Kerosin Turbopumpe geliefert. Zusätzliche hydraulische Aktoren konnten so entfallen, was die zweite Stufe billiger und leichter machte. Eine weitere Gewichtsersparnis erreichte man, indem der Treibstoff zur Zündung der Stufe in den Stufenadapter ausgelagert wurde. Eine Stickstoff-Druckgasflasche schoss Wasserstoffperoxid aus einer Flasche im Stufenadapter ins Triebwerk, wo das Kerosin aus dem Tank zuerst einströmte. Nach der Zündung wurde der Stufenadapter mit diesem Startsystem von der Stufe abgetrennt.

Der unten liegende HTP-Tank hatte eine zylindrische Form, der obere Kerosinbehälter war linsenförmig.

In dem Bereich zwischen den Tanks für HTP und Kerosin befand sich die Bordelektronik. Das Steuerungssystem stammte von dem TSR-2 Flugzeug. Es umfasste einen Flight-Sequence-Programmer zur Steuerung der Rakete nach einem vorher vorgegebenen Flugprofil. Kreisel zur Messung der räumlichen Lage und der Beschleunigung, einer Sendeeinheit für die Telemetrie, einem Sender für die Bahnverfolgung, Empfänger für das Selbstzerstörungssignal, Verstärker für die Bewegung der Triebwerke und eine eigene Stromversorgung. Die Kreiselplattform stammte von Ferranti und beruhte auf einem Modell, welches für die Europa-I entwickelt wurde. Die Steuerung war technisch sehr einfach ausgelegt.

Das Wasserstoffperoxid war der Treibstoff, der im Unterschuss vorlag. Das bedeutet, dass die HTP-Tanks vor den Kerosintanks leer waren. Das Mischungsverhältnis beider Treibstoffe war konstant. Sobald ein abfallender Druck in den Leitungen signalisierte, dass das Wasserstoffperoxid zu Ende ging, wurden die Triebwerke abgeschaltet. So wurde bei der ersten und zweiten Stufe verfahren. Normal ist bei einer festen Oberstufe das Abschalten bei Erreichen einer Normgeschwindigkeit, da der Gesamtimpuls der Oberstufe fest ist. Man hat so, wenn man Reserven für Abweichungen mit einkalkuliert und diese nicht benötigt, in der Praxis elliptische Umlaufbahnen, bei denen die Überschussgeschwindigkeit das Apogäum anhebt. Die Ausrüstungssektion der zweiten Stufe war hermetisch versiegelt und stand unter 0,6 bar Druck. Die Behälter für Kerosin und HTP standen unter einem Druck von 1,4 bar.

Stufe 2	
Länge:	2,90 m
Durchmesser:	1,37 m
Startgewicht:	3.439 kg
Trockengewicht:	481 kg
Treibstoff: davon Wasserstoffperoxid davon Kerosin	2.958 kg 2.634 kg 314 kg (8,4: 1)
Wasserstoffperoxidtank:	2,25 m³ Volumen, 2.850,6 kg Fassungsvermögen
Kerosintank:	0,512 m³ Volumen, 350,6 kg Fassungsvermögen
Triebwerk:	1 Gamma 2 mit 2 × 34,1 kN Vakuumschub
Betriebszeit:	113 s
Spezifischer Impuls:	2598 – 2.638 m/s

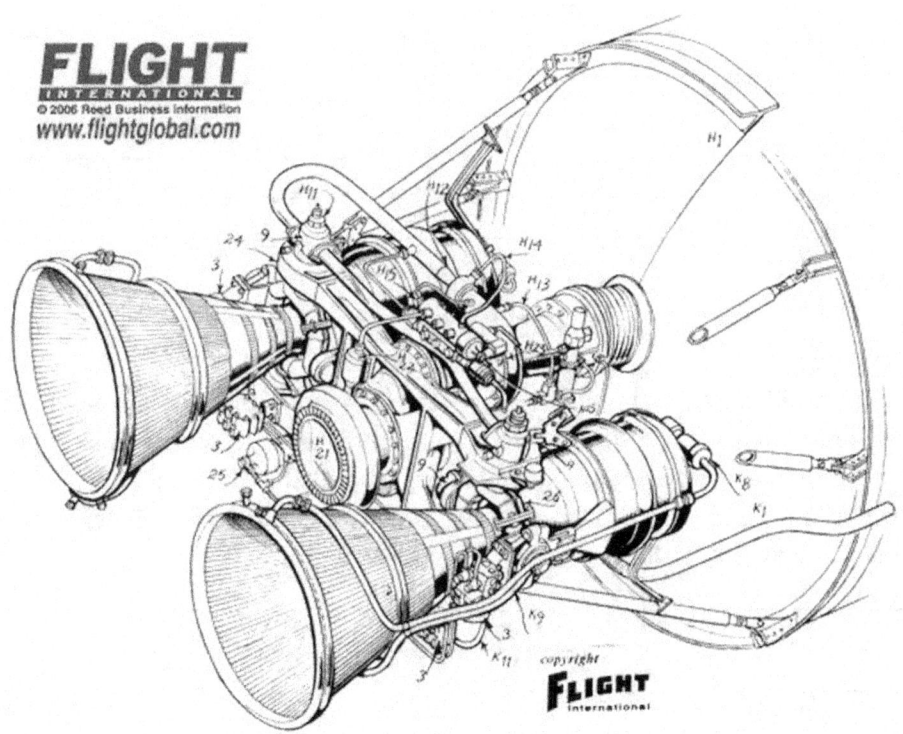

Abbildung 28: Triebwerkssektion der zweiten Stufe © der Grafik: Flightglobal.com

Stufe 3

Die dritte Stufe („Waxwing") hatte einen Antrieb mit festem Treibstoff. Sie hatte ein sehr gutes Massenverhältnis von 9:1 und einen guten spezifischen Impuls. Das Triebwerk war ein Apogäumsantrieb, der auf dem Scheitelpunkt der ballistischen Bahn gezündet wurde. Vorher wurde die Stufe durch einen Spin-Tisch in der zweiten Stufe in eine rasche Rotation versetzt, da sie keinerlei Möglichkeit hatte, ihre Lage im Raum zu verändern. Obwohl die dritte Stufe mit festen Treibstoffen betrieben wurde, hatte sie den höchsten spezifischen Impuls der Rakete. Dies wurde erreicht durch eine 56 cm lange Düse, die fast die Hälfte der Länge des Antriebs ausmachte. Er wurde hergestellt von Rocket Propulsion Aerojet, Wescott und Bristol Aerojet. Der Waxwing hatte keine aktive Steuerung, sondern nur einen Zeitgeber, der nach seinem Ablauf die Verbindung zwischen Satellit und Waxwing durchtrennte. Dies sparte Gewicht ein und steigerte die Nutzlast.

Stufe 3 Waxwing	
Länge:	1,32 m
Durchmesser:	0,72 m
Startgewicht:	350 kg
Trockengewicht:	35 kg
Treibstoff:	315 kg
Nutzlastadapter:	14 kg
Schub:	21 – 29,6 kN
Betriebszeit:	37 – 40 s
Spezifischer Impuls	2697 – 2.726 m/s

Nutzlasthülle

Die Nutzlasthülle aus zwei Hälften wurde aus einer leichten Magnesiumlegierung gefertigt. Sie war für eine so kleine Trägerrakete sehr groß und umhüllte auch die dritte Stufe. Später übernahm Frankreich die Nutzlasthülle für die Diamant BP.4, als bei dieser die alte Hülle nicht mehr ausreichend für größere Nutzlasten war. Von den Gesamtkosten der Black Arrow entfielen 40% auf die Strukturen der Stufen und 33% auf die Triebwerke.

Nutzlasthülle	
Höhe:	3,60 m
maximaler Durchmesser:	1,40 m
Gewicht:	68 kg

Startablauf

Die Bodenkontrolle setzte Computer für die Steuerung der letzten zwei Minuten des Countdowns ein. Dies ist bis heute gängige Praxis bei allen modernen Kontrollzentren. In der letzten Phase des Countdowns müssen so viele Entscheidungen in sehr kurzer Zeit getroffen werden, dass Menschen damit überfordert wären.

Die Black Arrow startete vertikal und begann nach Verlassen der Startrampe für fünf Sekunden in ein Neigeprogramm überzugehen. Dieses diente dazu, bei einer möglichen Explosion der Rakete keine Trümmer über dem Startgelände niedergehen zu lassen. Nach 34 Sekunden wurde dasselbe Neigeprogramm erneut aufgenommen. Die erster Stufe brannte, bis ihr Treibstoff aufgebraucht war.

Beschleunigungssensoren maßen den Rückgang des Schubs und starteten einen Zeitgeber, der fünf bis zehn Sekunden später zuerst mit Sprengsätzen die erste Stufe abtrennte und dann vier Feststofftriebwerke startete, welche den Treibstoff am Boden der zweiten Stufe sammelten. Die Pause diente dazu, die Tanks der ersten Stufe zu entleeren und den Restschub abzubauen. Auch die zweite Stufe brannte, bis das Wasserstoffperoxid verbraucht war. Ein Rückgang der Beschleunigung führte zum Brennschluss des Triebwerks durch das Schließen der Ventile. Die Nutz-

Abbildung 29: Black Arrow R2 vor dem Start

lasthülle wurde während des Betriebs der zweiten Stufe abgetrennt. Nach zwanzig Sekunden, in denen der Restschub abgeklungen war, wurde die Rakete mit dem Stickstoff-Druckgas für 60 Sekunden erneut um 0,6 Grad/s gedreht. Nun war sie parallel zur Erdoberfläche ausgerichtet. Der Winkel relativ zur Erdoberfläche musste mit einer Genauigkeit von 0,25 Grad erreicht werden.

Da die zweite Stufe ihren Brennschluss recht früh hatte, gab es nach Brennschluss eine Freiflugphase, in der sie durch Stickstoff-Kaltgasdüsen stabilisiert wurde. Nach sechs Minuten hatte die Restrakete die Sollhöhe erreicht und erst dann fand die Stufentrennung statt. Vorher brachten sechs kleine Feststofftriebwerke die Kombination in eine schnelle Rotation von 200 U/min. Nach dem Ausbrennen der dritten Stufe lief dann ein Zeitgeber, der nach 90 Sekunden die Verbindung zwischen Satellit und Oberstufe trennte. Es zeigte sich aber, dass diese Wartezeit zu kurz war. Der Waxwing Motor hatte noch etwas Schub und kollidierte mit einer der Antennen des Prospero-Satelliten.

Das Ausbrennen der Triebwerke bis zum totalen Verbrauch des HTP hatte sich bei der Black Knight bewährt und hinterließ wegen des Mischungsverhältnisses von 8,2 zu 1 nur geringe Reste an Kerosin in den Tanks. Es blieben etwa 9 kg in der Ersten und 2,5 kg in der zweiten Stufe übrig. Das verringerte die Nutzlast für einen Orbit nur um etwa 1,0 bis 1,4 kg. Prospero sollte in einem 550 × 1.534 km hohen Orbit mit einer Neigung von 82,05 Grad ausgesetzt werden. Die Inklination wurde korrekt erreicht und auch der Orbit war für die damaligen Verhältnisse mit 534 × 1.582 km recht nahe am Soll.

Zeit	Ereignis:
0	Abheben und Neigeprogramm 0,6 Grad/s
5 s	Ende Neigeprogramm
34 s	Erneutes Neigeprogramm 0,6 Grad/s
117 s	Ende Neigeprogramm
139 s	Brennschluss erste Stufe 45 km Höhe, v = 1.850 m/s
149 s	Zündung zweite Stufe, Neigeprogramm 0.117 Grad/s
185 s	Abtrennung Nutzlastverkleidung
262 s	Brennschluss zweite Stufe in 202 km Höhe, v = 4.900 m/s
305 s	Zündung dritte Stufe in 480 km Höhe
345 s	Brennschluss dritte Stufe v = 7.900 m/s
435 s	Abtrennung Prospero

Black Arrow Starts

Erfolg	Datum	Nutzlast	Typ	Startplatz
-	28.06.1968	R0	suborbital	Woomera Pad 5A
√	04.03.1969	R1	suborbital	Woomera Pad 5A
-	02.09.1970	R2 / X-2	orbital	Woomera Pad 5A
√	28.10.1971	R3 / Prospero	orbital	Woomera Pad 5A

Abbildung 30: Ein Test der Black Arrow auf der Insel Wright

Pläne für eine Leistungssteigerung

Wie dies bei den meisten Raketen der Fall ist, machte sich die RAE schon während der Entwicklung der Black Arrow Gedanken darüber, wie die Leistung des Trägers gesteigert werden könnte. Es gab dazu folgende Ideen:

Die Erhöhung des Brennkammerdrucks in den Gamma-2 und Gamma-8 Triebwerken hätte den Schub und den nutzbaren Energiegehalt des Treibstoffs erhöht. Der spezifische Impuls des Gamma-8 wäre auf 2.216 m/s gestiegen und derjenige der Gamma-2 sogar auf 2.794 m/s. Der Schub des Gamma-2 hätte dann 82,5 kN betragen und der Bodenschub des Gamma-8 hätte sich auf 260,2 kN erhöht – bei einer Gewichtszunahme von nur 45 kg. Dies erhöht nicht nur die Geschwindigkeit, sondern verringert auch die Gravitationsverluste, die beim Aufstieg entstehen. Die Nutzlast für einen 570 km hohen Orbit wäre von 110 auf 150 kg gestiegen.

Als zweite Maßnahme waren vier Raven Feststoffantriebe als Starthilfe vorgesehen – die erste Stufe der Skylark Rakete. Jeder Motor hatte einen Durchmesser von 44 cm und wäre mit 7,50 m Länge länger als die erste Stufe gewesen. Der Schub betrug jeweils 50 kN über 31 Sekunden. Diese Booster hätten es erlaubt, die erste und zweite Stufe zu verlängern und so mehr Treibstoff mitführen zu können. In der Summe hätte sich die Nutzlast der Black Arrow mit rund 300 kg mehr als verdoppelt.

Eine Alternative wäre gewesen, die Gamma-8 Triebwerke durch Stentor Triebwerke in der ersten Stufe zu ersetzen. Mit rund 400 kN Schub hätten sie es erlaubt, mehr Treibstoff in der ersten Stufe mitzuführen. Die Nutzlast wäre auf etwa 182 kg gesteigert worden. Die Stentor-Triebwerke standen in ausreichenden Stückzahlen zur Verfügung, nachdem die Blue Steel Abfangrakete 1969 ausgemustert worden war.

Alle diese Vorschläge orientierten sich wie schon die Entwicklung der Black Arrow, möglichst geringe Entwicklungskosten zu verursachen, indem zumeist auf schon vorhandene Hardware zurückgegriffen wurde. Doch da das Black-Arrow-Projekt von der englischen Regierung schon aufgegeben war, waren alle diese Bemühungen zur Steigerung der Nutzlast vergebens.

Typenblatt Black Arrow

Länge:	12,90 m
maximaler Durchmesser:	2,00 m
Startgewicht:	18.144 kg
Einsatzzeitraum:	1969 – 1971
Starts:	4
Fehlstarts:	2
Zuverlässigkeit:	50%
Nutzlast:	134 kg (in einen 200 km hohen polaren Orbit)
	102 kg (in einen 500 km hohen, 81 Grad geneigten Orbit)
Stufe 1	
Länge:	5,80 m
Durchmesser:	2,00 m
Startgewicht:	14.102 kg
Leergewicht:	1.068 kg
Triebwerk:	1 Gamma-8 mit 8 Brennkammern
Schub:	222,4 kN (Meereshöhe)
	257,3 kN (Vakuum)
Brenndauer:	142 s
Treibstoff:	HTP / Kerosin
Spezifischer Impuls:	2.128 m/s (Meereshöhe), 2.451 m/s (Vakuum)
Stufe 2	
Länge:	2,90 m
Durchmesser:	1,37 m
Startgewicht:	3.439 kg
Trockengewicht:	481 kg
Triebwerk:	1 Gamma-2 mit 2 Triebwerken
Schub:	68,2 kN (Vakuum)
Brenndauer:	113 s
Spezifischer Impuls:	2.598 m/s (Vakuum)
Stufe 3	
Länge:	1,32 m
Durchmesser:	0,72 m
Startgewicht:	350 kg
Leergewicht:	35 kg
Schub:	29,4 kN maximal, 21 kN im Mittel
Brenndauer:	39 s
Spezifischer Impuls:	2.726 m/s (Vakuum)
Nutzlasthülle	
Länge:	3,60 m
maximaler Durchmesser:	1,40 m
Gewicht:	68 kg

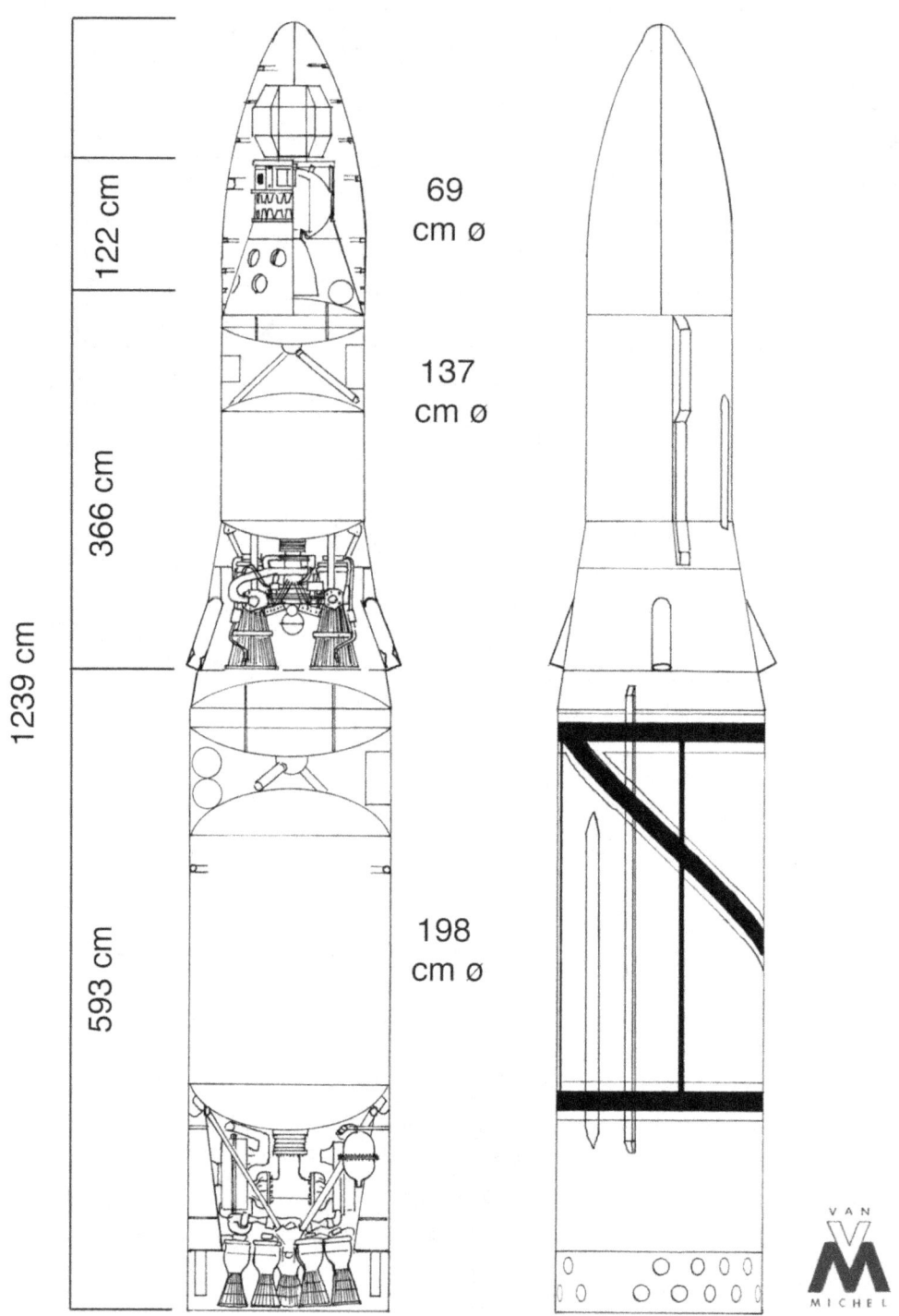

Abbildung 31: Querschnitt und Außenansicht der Black Arrow © der Grafik: Michel Van

Abbildung 32: Start von Flug R3 mit dem Satelliten Prospero

Quellen / Referenzen

Brian Harvey: „Europe's Space Program: To Ariane and Beyond"

C.N. Hill: „A Vertical Empire: The History of the UK Rocket and Space Programme, 1950-1971"

Peter Stache: Raumfahrt Trägerraketen, zweite Auflage 1973

SpaceUk.org: http://www.spaceuk.org/ba/ba.htm

Rockets in Europe: http://fuseurop.univ-perp.fr/index_e.htm

Flight Global 24.9.1964: „Britain's Space Launcher – First Details"

Flight Global 19.1.1967: „Developing Black Arrow"

Flight Global 2.5.1968: „British Satellites and Launcher"

Flight Global 25.7.1968: „British Satellite Launcher"

Flight Global 12.3.1970: „Black Arrows Suborbital Success"

Flight Global 3.9.1970: „Black Arrow finals"

Flight Global 5.7.1971: „The broken Arrow"

Flight Global 15.11.1971: „The Point of the Arrow"

IWM Fernsehdokumentation „Once we had a rocket"

OTRAG-Rakete

Die Geschichte der OTRAG und ihrer Rakete weicht in vielem von der anderer Träger ab. Zum einen, weil die Rakete komplett privat entwickelt werden sollte, was damals revolutionär war. Sie hatte eine komplett andere Konzeption als existierende Modelle und noch mehr als bei der Europa spielte die Politik eine große Rolle bei der Entwicklung. Aus Sicht eines Autors ist die Informationslage noch schwieriger. Es gibt praktisch keine fundierten Artikel über die technische Seite der Rakete, die meisten Angaben habe ich durch persönlichen Kontakt zu ehemaligen OTRAG Mitarbeitern erhalten. Die komplette Rakete erreichte nicht mal das Projektstadium.

Die Entstehung der OTRAG

Hinter der OTRAG (**O**rbitale **T**ransport und **R**aketen **A**ktien**g**esellschaft) steht vor allem ein Mann: Lutz Thilo Kayser. Lutz Kayser (geboren 1939) beschäftigte sich schon als Jugendlicher mit Raketen und studierte unter Eugen Sänger an der Stuttgarter Universität Luft- und Raumfahrttechnik. Lutz Kayser gehörte seit 1954 der Gesellschaft für Weltraumforschung (GfW) als Mitglied an. Das Konzept der Bündelrakete hat er von O. Lutz, Dadieu und Wolfgang Pilz übernommen, die wiederum das von J. Winkler zwischen 1928 und 1930

Abbildung 33: Lutz Thilo Kayer (rechts) mit Diktator Mobutu

ausgearbeitete Konzept kannten. Dieses sah die Bündelung vieler identischer Aggregate mit jeweils 10 t Schub vor.

Lutz Kayser gehörte einer studentischen Vereinigung von Raumfahrtbegeisterten an und entwickelte Raketentriebwerke auf dem Hof seines Vaters, der Direktor der Südzucker AG war. Es befand sich dort ein 5 m hoher Prüfstand für Triebwerke. Später wechselten sie in einen nahegelegenen Steinbruch. Die Gruppe wurde von Irene Sänger-Bredt, der Ehefrau von Eugen Sänger betreut.

Den ersten Schritt zu einer Trägerrakete tat Lutz Kayser 1971. Er gründete mit einem Kapital von 20.000 DM die Technologieforschung GmbH, die in Stuttgart ihren Firmensitz hatte. Im Sommer 1971 vergab das Bundesforschungsministerium Deutschlands Aufträge an Firmen, die einen alternativen Plan für eine preiswerte Alternative zur Europa III B Rakete (aus der später die Ariane hervorgehen sollte) ausarbeiten sollten. Die neue Rakete sollte im Einsatz billiger als die Europa II sein und die Entwicklungskosten von 2 Milliarden DM für die Europa III unterbieten. Neben den beiden damals schon etablierten Firmen ERNO, Dornier und MAN war die Technologieforschung GmbH als Neuling dabei. Jeder der Aufträge war mit 250.000 DM honoriert. Die Konzepte von ERNO und MAN sahen Einsparungen von 10-20% der Entwicklungskosten vor und verwendeten weitgehend Teile, die schon im Europa Programm entwickelt wurden. Der Vorschlag der Technologieforschung GmbH dagegen vertritt ein radikal neues Konzept: Die Trägerrakete soll aus sechs identischen Modulen in der ersten Stufe bestehen. Jedes Modul würde mit 36 Triebwerken ausgestattet, die mit einfachen Treibstoffen wie Heizöl und Salpetersäure arbeiten. Die zweite Stufe bestünde dann aus einem Modul. Die Steuerung in der Nick- und Gierachse würde durch das Herunterregeln des Schubs eines der Außentriebwerke geschehen.

Die Abbildung oben zeigt einige Konfigurationen, die damals noch die Coralie Stufe der Europa I+II als Oberstufe einsetzten. Dieses Konzept hätte nach Ansicht der Technologie Forschungs-GmbH die Entwicklungskosten von 2.000 auf 500 Millionen DM reduziert. Dies war das erste Konzept von Lutz Kayser, dass er später perfektionierte.

Lutz Kayser bekam zusätzlich zu den anfänglichen 250.000 DM für die Studie weitere Mittel des Bundesforschungsministeriums, insgesamt 3,57 Millionen DM bis 1974 um das Konzept zu perfektionieren und ein Triebwerk zu entwickeln. Dann beteiligte sich Deutschland bei der Entwicklung von Ariane und das Konzept war für das Forschungsministerium uninteressant geworden. Sie lässt trotzdem das Konzept prüfen. So kam ein 1975 fertiggestelltes Gutachten der Deutschen Forschungs- und Versuchsanstalt für Luft- und Raumfahrt (DFVLR, Vorgängerin des DLR) zu dem Ergebnis, dass die OTRAG selbst bei drei Abschüssen im Jahr und einem von ihr selbst geschätzten Rohgewinn von 10 Millionen Mark pro Start niemals schwarze Zahlen schreiben könne, da allein die Pacht für das Territorium in Zaire jährlich 75 Millionen Mark koste.

Während dieser Zeit gab es schon Tests des Triebwerks. In Lampoldshausen wurden zuerst am Prüfstand P1, dann am Prüfstand 2.2 einzelne zuerst einzelne Triebwerke, dann ein Modul (mit den Tanks) getestet. Dabei zeigte sich, dass der Druck im Treibstofftank sehr stark schwankte, was zu dessen Verformung führte. Dies sollte später zu einer Revision von Kaysers Konzept führen. Durch von Mitarbeitern des Teststands von Hand angefertigten Ventilen konnte der Schub auf die Hälfte gesenkt werden. 1970 wurde mit Tests begonnen, 1972 mehrere Triebwerke gebündelt. Bis zu sechs Triebwerke wurden zusammen getestet. Die Tests in Lampoldshausen wurden bis 1976 fortgesetzt.

1971 und 1974 veröffentlichte Kayser zwei Aufsätze, die sich mit diesem Konzept befassten. Im Jahre 1973 veröffentlichte Frank Wukasch, der Vize nach Kayser, seine Diplomarbeit, die sich mit der numerischen Simulation der Vielfachbündelung beschäftigte.

Lutz Kayser versuchte nun die Rakete ohne staatliche Unterstützung zu bauen und gründete die OTRAG. Nun endeten die Veröffentlichungen in Fachzeitschriften und außer von der OTRAG gab es keine Informationen zu der Rakete mehr. Die Abkürzung OTRAG wurde am 17.10.1974 mit einem Stammkapital von 1 Million DM gegründet. Das Konzept für die Firma machte Kayser mit einem Schlag reich: Die Ergebnisse, die aus der vom BMFT finanzierten Forschung resultierten, verkaufte Kayser für 150 Millionen DM an die OTRAG (der er vorstand) und lies sich sogleich 20 Millionen auszahlen und die restliche Summe wurde als Kredit an die OTRAG vergeben, der abgelöst werden sollte, wenn Einnahmen aus der Firma sprudelten. Ein genialer Coup! Er brauchte nun nur noch genügend Gesellschafter, die bereit waren 150 Millionen zu zahlen für eine Forschung, die der Bund vorher mit einem 40-stel der Summe finanziert hatte. Dies gelang mit einer Kuriosität des damaligen deutschen Steuerrechts: Da die Firma praktisch von Anfang an nur Verluste machte, konnten Investoren die Einlage als Verluste verbuchen. Kayser lies seine Firma durch ein Gespann von zwei hessischen Finanzbeamten Reinhold Höck und Georg Bader prüfen und lud sie persönlich zu Tests nach Lampoldshausen ein. Höck bestätigte am 21.10.1974 und (nach der Pacht des Startgeländes) am 1.6.1976 zwei Konzepte der Firma, die einen Finanzbedarf von 714.440.400 DM vorhersahen und damit die Verlustzuweisungen rechtfertigten. Es waren nicht die einzigen Firmen, die sich speziell bei diesen Finanzbeamten registrieren ließen, denn das Gespann schuf so etwas wie eine Steueroase in Offenbach. Bis 1977 wurden Verlustabschreibungen in der Höhe von 215.604.438 DM verbucht, dem Bund sollen bis zum November 1983 so 72,417 Millionen DM an Steuereinnahmen entgangen sein. Die Beamten schöpften nicht mal Verdacht angesichts der juristischen Konstruktion der OTRAG. Denn die stillen Gesellschafter dürften nur bis zu 300 Millionen DM einzahlen, die Firma gehörte

75

aber Kayser (zu 74%) und dem Frankfurter Speditionskaufmann Karl Eberhard Press zu 26%. Ihnen fiel nicht mal die Differenz der Begrenzung des Kapitals auf 300 Millionen DM und dem geschätzten Finanzbedarf von 714 Millionen Mark auf.

Bis zum Juni 1978 hatte Lutz Thilo Kayser insgesamt 95 Millionen DM von nicht weniger als 1.150 Gesellschaftern, vor allem Angestellten und Beamten akquiriert. Darunter prominente Namen wie der Quizmaster Wim Thoelke und der Verleger Ernst Klett. Dies gelang, weil es durch das Steuerrecht Verlustzuweisungen von bis zu 275 Prozent gab. Anders ausgedrückt: Solange die OTRAG nur Verluste machte, konnten die Investoren einen Verlust von 275 Prozent des eingesetzten Kapitals steuerlich geltend machen. Wer einen Einkommenssteuersatz von mehr als 37 Prozent hatte, machte einen Gewinn. Viele Investoren sahen die OTRAG daher auch als Verlustabschreibungsgesellschaft und der Vorwurf, es ging eigentlich gar nicht darum einen Satelliten in den Orbit zu bringen, verfolgte Kayser und die OTRAG.

Von den Hochschulen holte Lutz Kayser etwa 40 Ingenieure frisch vom Studium weg und als Aufsichtsratsvorsitzenden gewann er nach einem achttägigen Klausurgespräch Kurt Debus, ehemaliger Leiter der Kennedy Space Center von 1962-1974. Er stand ab 1976 als Aufsichtsrat der OTRAG vor. Ende 1980 schied Debus aus der OTRAG aus, offiziell, weil diese nun in Libyen Starts vorbereitete und dadurch seine Pension, die er von der NASA erhielt, gefährdet gewesen wäre. (Debus war US-Staatsbürger und dürfte daher nicht Aufsichtsratsvorsitzender eine Firma sein, die mit Libyen Geschäfte macht). Inoffiziell wollte er nichts mit „einer Klitsche" zu tun haben, die Ghaddafi unterstützt.

Kurt Debus verlieh der OTRAG die nötige Glaubwürdigkeit. Er trat aber nach außen hin nicht in Erscheinung. Als sich Debus zurückzog, wurde Lutz Kayser Aufsichtsratsvorsitzender der OTRAG und sein Stellvertreter Frank Wukasch Vorstandsvorsitzender.

OTRAG und die Politik

Recht bald bekam die OTRAG das Geld für die weitere Entwicklung zusammen. Die wichtigsten Personen in der OTRAG waren nach Lutz Kayser (Vorstandsvorsitzender) Frank Wukasch (Vorstandsassistenz und Nachfolger im Vorstand), Bayer (Fertigung), Mok (Flugmechanik), Bierling (Telemetrie), Niviadomski (Elektronik), Statezny (Triebwerksentwicklung und Startanlagen), Ziegler (Startleitung). Rechtlich war die OTRAG eine Aktiengesellschaft, doch ohne Aktien, sondern in den Händen von etwa 1.000-2.000 stillen Gesellschaftern. Kayser hatte Anrecht auf 3-5% des Reingewinnes. Von 1974-1976 entwickelte man die Triebwerke und Module. Die Tests fanden in Lampoldsheim statt, das recht froh war, da man dort neue Prüfstände für die Europa III in Betrieb genommen hatte und nach Ende des Programms es keine Arbeit gab. Gleichzeitig suchte man nach einem geeigneten Startgelände. Schon zu dieser Zeit gab es Widerstände seitens der etablierten Konzerne und Wissenschaftler gegen das Konzept. MBB schickte damals einen ihrer besten Leute, Dieter Koelle, auf Vortragsreise um gegen das Konzept zu wettern. Andere vertraten die Ansicht, selbst wenn die Rakete erfolgreich fliegen würde, wäre sie nicht wirtschaftlich, angesichts der Entwicklung des Space Shuttles, der ab 1980 den Raumtransport revolutionieren sollte.

Abbildung 34: Kayser mit einem Modell beim Werben von Gesellschaftern

Ein Start in Europa schied wegen der Bevölkerungsdichte von vorneherein aus. Kayser trat 1975 in Verhandlungen mit mehreren äquatorial gelegenen Staaten über einen Startplatz (Zaire, Brasilien, Uganda, Singapur, Nauru). Auch versuchte man über Debus einen Start von den USA aus zu erreichen, jedoch ohne Erfolg. Ideal wäre nach Kaysers Vorstellungen ein Start in Indonesien gewesen, da es ein äquatoriales Gebiet aus vielen Inseln ist, in dem die Raketenstufen ins Wasser fallen würden. Gegen Indonesien sprach vor allem die große Entfernung von 14.000 km zu den

Produktionsstätten der Rakete in Baden Württemberg.

Kayser bekam nach einem halbstündigen persönlichen Gespräch eine Zusage vom Diktator Mobutu, Staatschef in Zaire (heute Demokratische Republik Kongo). Den Kontakt hatte ein Kaufmann vermittelt und im November 1975 trafen sich Kayser und Mobuto zu einem Gespräch. Ein Vertrag wurde am 9.12.1975 abgeschlossen und am 24.3.1976 veröffentlicht. Er soll sich an dem 1903 abgeschlossenen Vertrag über die Pacht des Panamakanals durch die USA orientiert haben. Die OTRAG pachtete ab 1976 ein 100.000 km² großes Startgelände in der Provinz Shaba bis zum Jahr 2000.

Abbildung 35: Kayser mit Mobutu beim Besichtigen des Startgeländes

(100.000 km entspricht fast der Größe der früheren DDR). Die Größe war nach Kaysers Angaben notwendig, um zu gewährleisten, dass die ausgebrannten Stufen bei äquatorialen, wie polaren Starts, in unbewohntes Land fielen. Als Gegenleistung waren 5% des Reingewinnes an Mobutu zu zahlen und ein Aufklärungssatellit für Zaire umsonst zu starten. Dieser sollte es erlauben, mit einem Teleskop jeden Punkt in Zaire mit 1 m Auflösung in Echtzeit zu erfassen. Es ist angesichts des technologischen Standes von Zaire offen, ob es jemals dazu gekommen wäre, selbst wenn die OTRAG-Rakete einsatzfähig gewesen wäre. Manche Quellen sprechen auch davon, dass die folgende Intervention der Sowjets wegen dieses Aufklärungssatelliten erfolgte, da damit das Monopol der Supermächte gebrochen worden wäre und insbesondere Zaires Nachbar Angola sozialistisch regiert wurde.

Abbildung 36: Verladen der Rakete und Startgelände im Kongo

Andere Quellen sprechen auch von einer festen Jahrespacht von 25 Millionen Zaire, 58 bis 62,5 Millionen DM, die zinslos gestundet wurde, bis die Firma Gewinn machte. Die Pacht ermöglichte neue Möglichkeiten der Steuerabschreibung. Höck und Bader bewilligten, obwohl die Pacht erst später zu zahlen ist, jährliche Verlustabschreibungen in Höhe von 58 Millionen Dollar für die stillen Gesellschafter der OTRAG. Da Mobotu sich persönlich bereicherte, während Zaire verarmte, spricht viel dafür, dass er nur eine hohe Pacht und diese auch sofort haben wollte und nicht an einem Satellitenstart interessiert war. Der Pachtvertrag war unkündbar und beinhaltete Rechte, die weit über die Polizeigewalt hinaus gingen, wie die Möglichkeit Einwohner umzusiedeln oder alle Bodenschätze auszubeuten.

Zaire bot ideale Voraussetzungen für den Start in geostationäre Bahnen, da es am Äquator liegt. Startgelände war ein 1.300 m hoch gelegenes Hochplateau am Luvua Fluss. Die Startplattform befand sich am Rande eines mehrere hundert Meter abfallenden Kliffs. Doch zuerst musste das Gelände erschlossen werden. Das Erste, was man baute, war daher eine Landepiste für Flugzeuge. Sie ist bis heute auf Satellitenfotos noch zu sehen.

Seit Ende 1976 gab es eine 2.100 m lange und bis zu 40 m breite Landepiste und es hielten sich etwa 10-20 Techniker permanent in Shaba auf. Sie wohnten weitgehend unter primitiven Bedingungen in Zelten. Die meisten waren keine Raketenspezialisten, sondern Maurer und Zimmerleute, welche erst einmal die benötigte Infrastruktur errichteten. Die OTRAG entwickelte sich zum wichtigen Arbeitgeber für das nur dünn besiedelte Gebiet mit etwa 100.000 Einwohner in dem Pachtgelände und beschäftigte bis zu 450 Eingeborene. Zwei ausgemusterte Argosy Flugzeuge transportierten Material nach Zaire. Dazu gründete man eine eigene Tochterfirma namens OTRAS (OTRAG Range Air Service).

Im Westen wurde zweierlei an dem Deal bemängelt. Zum einen das sich Kayser mit dem Diktator Mobutu einließ, anstatt sich ein Startgelände in einem demokratisch regierten Land zu suchen. Zum andern wurde bemängelt, dass die OTRAG in dem Gebiet Rechte hatte, die eigentlich sonst nur dem Staat zufielen, wie z. B. Einwohner umzusiedeln. Es war die Rede von "modernem Kolonialismus". Was tatsächlich dahinter stand, war das Recht, Buschmänner, welche sich vor dem Start dem Startgelände näherten, aufzugreifen, und in Sicherheit zu bringen. Wie die OTRAG mit 40 Angestellten ein Gebiet von 100.000 km² "kolonialistisch" verwalten sollte, wurde nicht erörtert. Doch in den umgebenden Staaten sah man es anders und es begann, langsam zu gären.

Der erste Start eines Moduls fand am 17.5.1977 statt. Diese erste Rakete hatte vier Module von jeweils 6 m Länge. Sie erreichte 10 km Höhe und schlug 4-6 km vom Startplatz entfernt auf. Es gab daraufhin massiven politischen Druck aus Südafrika, der DDR und der UdSSR. Die Prawda und TASS hetzten im Herbst 1977 mehrfach gegen die OTRAG. Diese würde im Auftrag von Deutschland Trägerraketen für nukleare Waffen entwickeln, und da bei der OTRAG Debus arbeitete, der schon an der A-4 in Peenemünde gearbeitet hatte, blieb natürlich auch der Nazivorwurf nicht aus. Unbestätigten Berichten zufolge sollen die Sowjets sogar eigens die Beobachtungssatelliten Kosmos 922 und 932 gestartet haben, um den OTRAG-Startplatz zu fotografieren. Die Bahnen beider Satelliten führten bei besten Sichtbedingungen zumindest über Zaire. Nach Ansicht des Autors wäre es aber viel einfacher gewesen, vom kommunistisch regierten Nachbarsaat Angola mit Flugzeugen Aufklärung zu betreiben und Kayser berichtete auch von MIG-23, die in niedriger Höhe über den Startplatz flogen.

Kayser betonte zwar immer, dass die OTRAG als militärisch genutzte Rakete ungeeignet wäre, weil sie eine zu geringe Zielgenauigkeit aufweisen würde, doch geglaubt hat ihm dies keiner. Zudem benötigte eine OTRAG-Rakete Startvorbereitungen, die sich über Stunden hinweg ziehen. Auf eine entsprechende Anfrage des MdB Norbert Gansel antwortete die Bundesregierung im Jahr 1978: *"Nach unseren Feststellungen ist die Rakete aufgrund ihrer Konstruktionsmerkmale für militärische Zwecke nicht geeignet"*. In einem Interview mit der Zeitschrift "Transatlantik" revidierte Kayser 1980 dieses Urteil und gab an, dass die Rakete zwar nicht sofort startbereit wäre, aber viel zielgenauer als eine Feststoffrakete, weil sie steuerbar wäre.

Der zweite Start am 17.5.1977, der erste bei Nacht, war ebenfalls erfolgreich. Nach OTRAG Angaben erreichte der Träger 30 km Höhe. Inzwischen war die OTRAG international bekannt. Im März 1978 berichtet sogar der „Playboy" über die Firma. Ted Szulc schrieb die OTRAG entwickele eine "V3" gegen andere afrikanische Staaten.

Zum dritten Start reiste Mobutu selbst an. Wie meistens bei Vorführungen ging dieser Start am 5.6.1978 schief. Die Rakete begann schon kurz nach dem Start sich zur Seite zu drehen und schlug bald darauf wieder auf dem Boden auf. Die Ursache war ein Ventil, das in der 40% Einstellung hängen blieb und dadurch zu einer Schubasymmetrie führte. Schuld daran war das durch Verspätung von Mobuto die Rakete über Stunden startbereit stand und der Druck in den Tanks das Ventil festklemmte.

Die OTRAG war nur ein Bauer im Schachspiel des kalten Kriegs. Zaire war damals eines der wenigen westlich orientierten Länder in Afrika und mit der OTRAG und der angeblichen Bedrohung der Nachbarstaaten durch Raketen wollte Russland Stimmung gegen den Westen machen. Auch die DDR startete eine Hetze gegen die OTRAG. Mit der Firma wolle Deutschland das im Kontrollratsgesetz Nr. 25 festgelegte Verbot der militärischen Raketenentwicklung in Deutschland umgehen. Nur legte das Gesetz auch ein Verbot der militärischen Flugzeugforschung fest, an das sich dreißig Jahre später weder Ost noch West hielten.

Die russische Propaganda erzielte Wirkung. Am 5.4.1978 intervenierte das sozialistisch regierte Angola bei der UN wegen einer neuen Welle "zairischer Angriffe". Im selben Monat veröffentlichte Nigerias größte Tageszeitung "Daily Times" einen Artikel, der von der Bedrohung von Anrainerstaaten durch zairische Raketen sprach. Am 1. Juni 1978 sprach der Premierminister von Angola von einer Bedrohung seines Landes durch den "westdeutschen Raketentestplatz". Als Helmut Schmidt im Juni 1978 durch Afrika tourte, hörte er überall Beschwerden über die OTRAG. Im August 1978 zitiert der „Spiegel" Bundeskanzler Helmut Schmidt mit den Worten: „Ich könnte dem Kerl den Hals umdrehen.". Im Herbst 1978 soll Breschnew persönlich bei Helmut Schmidt vorstellig geworden sein.

Kayser vertritt die Meinung, dass Bundeskanzler Schmidt persönlich Mobutu genötigt habe, den Pachtvertrag zu lösen. Mobutu sollte umfangreiche Kompensationen in Form von Entwicklungshilfe (10,5 Millionen DM) bekommen. In jedem Falle versuchte die Bundesregierung der OTRAG das Leben schwer zu machen. Die 36.te Änderung der Ausfuhrliste bedeutete, dass nun jede Rakete und jedes Bauteil genehmigt werden muss. Man beschloss

Abbildung 37: Die Rakete im Startgelände am Luava Fluss

die Steuerschlupflöcher zu schließen, erreicht das jedoch erst in den Achtzigern.

Egal was der Auslöser war, (1977/78 gab es auch den Katanga Aufstand von Angola kommend, in dem Gebiet in dem die OTRAG ihre Startbasis hatte) Mobutu kündigte den „unkündbaren" Vertrag am 15.4.1979. Die OTRAG musste Zaire verlassen. Es war aber kein Rausschmiss, sondern man konnte das gesamte technische Gerät auszufliegen.

Sieben OTRAG-Mitarbeiter kamen im Sommer 1979 bei einem Betriebsausflug, die Frank Wukasch als "Spritztour auf eigene Faust" bezeichnete, am Luvua Fluss ums Leben. Sie erkundeten den Fluss zwar aus der Luft, verloren aber am Boden die Orientierung. Sie starben, als sie ohne Schwimmwesten und andere Sicherungsmaßnahmen in einem Schlauchboot den Fluss befuhren und bei einer falschen Abzweigung über einen 30 m tiefen Wasserfall herabstürzten und dabei ertranken. Zumindest einige Hinterbliebene äußerten gegenüber dem Autor Zweifel an dieser offiziellen Version.

Die optimistischen Pläne, die für 1979 einen Start einer zweistufigen Rakete und 1980/81 für einen orbitalen Test vorsahen, waren nun nicht mehr zu halten. Frank Wukasch trat erneut in Verhandlungen mit Brasilien und suchte nach einer Insel im Pazifik, die als Startbasis dienen könnte. Zeitweilig wurde sogar der Start von einem 20.000 t Schiff (einem Vorläufer von Sealaunch) erwogen, aber als zu teuer aufgegeben. In einem Interview gab Wukasch an, dass man mindestens 6-12 Monate durch den Verlust des Startplatzes verloren habe.

Man fand ein neues Startgelände bei Tawiwa, 600 km südlich von Tripolis. Im Januar 1980 wurde man mit Ghaddafi einig. Er überwies sofort 1,5 Millionen DM als „Umzugskosten" und stellte weitere 100 Millionen in Aussicht. Libyen wurde nach Angaben Kaysers gewählt, weil es durch seine Erdölvorkommen unabhängig war. Doch dem Ruf von Kayser und der OTRAG war es noch weniger zuträglich als Zaire. Schließlich regierte schon damals Gaddafi. Er verfolgte damals einen anti-westlichen Kurs. Es gab im August 1981 Duelle zwischen libyschen Jagdfliegern und der US-Navy. Die Nachbarstaaten fühlten sich be-

Abbildung 38: Das Startgelände mit Landebahn aus dem Flugzeug

droht von Libyen und schossen deren Aufklärungsflugzeuge über ihrem Territorium ab. Die wichtigen Figuren der OTRAG landeten auf Listen der CIA und anderer Geheimdienste und der Druck auf die Bundesregierung wurde noch größer – diesmal nicht vom Osten, sondern dem verbündeten Frankreich und den USA. Man befürchtete die OTRAG würde für den Diktator Kurz- und Mittelstreckenraketen bauen. Mit dem Umzug nach Libyen verschwand auch die OTRAG aus der Öffentlichkeit. Es wurden nichts mehr über die Testflüge veröffentlicht.

Im August 1980 vereinigte man Produktionsstätten in Stuttgart-Vaihingen und die Verwaltung in Neu-Isenburg zu einem neuen Werk in Garching bei München. Es war ein viel zu großes Areal für eine Firma, die nur etwa 40 Mitarbeiter hatte. Angeblich soll Franz Josef Strauß die Firma eingeladen haben, um den Technologiestandort aufzuwerten. Inoffizieller Grund des Umzugs war die ausstehende Grund- und Gewerbesteuer in eine Höhe von 1,3 Millionen DM, die man der Stadt Stuttgart schuldete. Es war billiger umzuziehen. Jeder Mitarbeiter bekam 10.000 DM für den Umzug.

Das war das erste Indiz, das die finanzielle Lage prekär war. OTRAG hatte neben der OTRAS auch Tochterfirmen in Frankreich (OTRAG France), zeitweise in Zaire (OTRAG Zaire). Geplant war auch eine USA-Niederlassung. Kritiker sprachen von einer Manie von Kayser, denn bevor man überhaupt einen einsatzfähigen Träger hatte, machten die Niederlassungen keinen Sinn. Wukasch führte bei 31. IAA Kongress im September 1980 einen 25-Minuten-Film über die OTRAG vor und warb um neues Kapital, nachdem die Entwicklung schon 145 Millionen DM verschlungen hatte, und er schätzte, dass man 660 Millionen brauchte bis zu einem Start einer Orbitalversion. 10-12 orbitale Starts sollte es zwischen 1984-1990 geben. 1981 sollte es einen Test mit einer zweistufigen Version geben, 1982 einen Start mit 48 Modulen und 1984 sollte die größte Version mit 10 t Nutzlast zur Verfügung stehen.

Der Grund für das Engagement in Libyen war laut Kayser die Möglichkeit für geringe Summen gegen Personenschäden haftpflichtversichert zu sein. Der Weltraumvertrag schreibt eine Haftpflichtversicherung von 200.000 $ pro Person vor und die Sahara ist eines der am wenigsten bevölkerten Gebiete der Erde. Auch hoffte man so, den Aufklärungssatelliten der Sowjets zu entgehen.

Andere Quellen hingegen sprechen davon, das er sich zumindest erhoffte ein Geschäft mit dem libyschen Militär zu machen. Schon beim ersten Start am 3.3.1981 waren libysche Generäle anwesend. Kayser räumt ein, dass das Militär Interesse hatte und auch versuchte, auf die Starts Einfluss zu nehmen. Ob die Wahl von Libyen eine Dummheit war, oder sich Kayser Mittel von Libyen versprach, wird wohl nicht zu klären sein. In jedem Fall vergrößerte er die Schwierigkeiten der OTRAG im Inland. In einem Interview gab, Kayser un-

Abbildung 39: Das Kliff mit der Startrampe

umwunden zu, dass er meinte, dass man nicht die Proliferation von Hochtechnologie in Entwicklungsländer verhindern könnte und er keine Probleme hätte, seine Technologie weiterzugeben. Im Nachhinein räumt Kayser ein, dass der Pazifik für Starts wohl besser gewesen wäre. Das Startgelände befand sich bei einer Oase in der Sahara, 600 km südlich von Tripolis und trug den Namen "Camp Tawiwa". Es war gelegen bei 27° 02' 00" Nord und 14° 26' 00" Ost.

In Libyen fanden wie in Zaire nur Starts von kleineren Modulen statt. Man ging ab dem 7.ten Start (dem vierten in Libyen) sogar von vier Triebwerken auf eines zurück. Von einer Erhöhung der Bündelung auf 16 und 32 Triebwerke, Start einer zweistufigen Version war nicht mehr die Rede. Laut Kayser, um die Einflussnahme durch libysches Militär zu verringern. Es ging nach Lutz Kayser nun darum die Parameter eines Moduls zu optimieren und um Kosten zu sparen, betrieb man nur einen Motor pro Versuch.

Der erste Start von Libyen aus fand am 3.3.1981 statt. Über ihn gibt es unterschiedliche Berichte. Kayser selbst bezeichnet ihn als vollen Erfolg. (Allerdings bezeichnet Kayser auch den Fehlstart zuvor als 50% Erfolg). Der OTRAG-Ingenieur Christoph Gleich berichtet dagegen, dass sich die Rakete nach 21 Sekunden auf die Seite gelegt habe, weil die zylinderförmige

Nutzlast wohl zu schwer war. Verlautbart wird nach dem Start, dass die getestete 4-Modul Version eine Nutzlast von 400 kg in 80 km Höhe und eine von 100 kg in 230 km Höhe bringen kann. Kayser gibt insgesamt 14 Starts an, die erfolgten, solange er noch bei der OTRAG war. Doch verifizierbar sind diese nicht, da nun die Öffentlichkeit ausgeschlossen war.

Im Frühjahr 1981 gab es Berichte in marokkanischen Tageszeitungen und der New York Times, dass Libyen und die OTRAG einen Vertrag über die Lieferung von Mittelstreckenraketen abgeschlossen hätten. Die OTRAG dementierte die Existenz eines solchen Vertrages. Der Space Digest (Vorläufer der heutigen RSS-Feeds) meldet am 29.12.1981, dass die OTRAG ihre Aktivitäten in Libyen für zwei Monate eingestellt hat, weil es interne Auseinandersetzungen gab.

Die Geschichte der OTRAG in Libyen ist auch heute noch ein rätselhaftes Kapitel. Nach Darstellung von Herrn Kayser wählte er Libyen, „weil die libysche Regierung anders als viele andere nicht erpressbar ist". Diesen Schluss zog er nach der Ausweisung aus Zaire. Ein anderes Argument sollte die relativ günstige Haftpflichtversicherung für Personenschäden sein. In Libyen wurde er damit konfrontiert, dass das Militär sich für seine Raketen interessierte. Als Folge wurden dann nur noch Starts mit einem Modul gemacht. Als sich Kayser weigerte, zu einer zweistufigen Version überzugehen, wurde er enteignet. Soweit die Schilderung Kaysers. Es gibt aber noch Starts nach dem Abzug der OTRAG, die von ihm dokumentiert sind. Er wohnte mindestens zehn Jahre in Tripolis, forschte dort und bekam eine Professur. Das alles passt nicht zu der Story der Enteignung. Nach der „Konfiskation" wurden etwa 20 Ingenieure und Techniker von den Libyern weiterbeschäftigt und bezahlt.

Nach Angaben Kaysers fanden noch weitere, hier nicht aufgeführte, Starts statt. Diese wurden vom libyschen Militär durchgeführt. Die Frequenz nahm jedoch nach 1984 stark ab und der letzte Start soll 1987 erfolgt sein. Es soll seinen Angaben bei seiner „Enteignung" noch 400 Tankrohre gegeben haben, die dann wahrscheinlich nach und nach verfeuert wurden. Schräg gestartet unter einem Winkel von 71 Grad erreichten mit 50% Treibstoff beladene Raketen eine Reichweite von 50-70 km. Hier die Daten des 12.ten unter libyscher Regie gestarteten Moduls:

Ergebnisse Flug 12	20. Mai 1984	Einheit
Leermasse	185,00	kg
Treibstoff	240,00	kg
Länge Oxidatortank	4,34	m
Länge Treibstofftank	1,65	m
Oxidatortank Druck	37,00	bar
Treibstofftank Druck	40,00	bar
Oxidatortank Füllung	52,00	%
Treibstofftank Füllung	53,00	%
Startwinkel Vertikal	70,50	°
Startwinkel Azimut	216,00	°
Flugergebnisse		
Schub beim Abheben	3,00	t
Ausbrennen nach	32,00	sec
Ausbrennen bei	3,00	mach
Gesamtflugzeit	3,00	min
Aufschlag nach	50 - 70	km

Das Libyenabenteuer hatte Folgen. Nicht nur Außenpolitische, so beschwerte sich der ägyptische Außenminister in Bonn, sondern auch firmeninterne. Carl E. Press, der 26% der OTRAG hielt, betrieb die Entmachtung von Kayser. Den Gesellschaftern wurde eröffnet, dass die OTRAG zahlungsunfähig sei. Von dem Geld war nichts mehr übrig, stattdessen hatte die Firma Schulden in Höhe einer halben Milliarde Mark! Im September 1981 musste Kayser seinen Posten räumen und seine 74% der OTRAG an einen Treuhändler abgeben. Wukasch wurde neuer Vorsitzender und zog die OTRAG aus Libyen ab. „Was der in Libyen getan hat", so Wukasch, „konnte der Vorstand einer deutschen AG nicht tolerieren.". Es gelang die Gläubiger zu einem Verzicht von 70% der Forderungen (mithin 350 Millionen DM zu bewegen). Nur Zaire wollte noch 70 Millionen DM Pacht haben. Zähneknirschend zeichneten die stillen Gesellschafter für weitere 13,5 Millionen DM – wäre die OTRAG bankrottgegangen, so müssten sie die eingesparte Einkommenssteuer zurückzahlen.

Schließlich verließ Lutz Kayser die OTRAG. Am 4.10.1982 berichtet Aviation Week & Technologie, dass die OTRAG nun unter der alleinigen Leitung von Frank Wukasch versucht, ihr gestörtes Verhältnis zur deutschen Regierung zu bereinigen und sich nun auf die Entwicklung von Höhenforschungsraketen als Zwischenstufe zur Orbitalversion konzentriert. Eine einzelnes Modul kann 200 kg in 50 km Höhe bringen oder 30 kg in 90 km Höhe. Eine zweistufige Version mit sechs Modulen als Erster und einem Modul als zweiter Stufe soll 500 kg in 280 km Höhe oder 50 kg in 655 km Höhe bringen. Wukasch agierte intelligenter als Kayser. Kayser berichtete jedem der es wissen wollte (oder auch nicht) wie er von der deutschen Regierung verfolgt würde, anstatt eine Lösung abseits der Öffentlichkeit zu finden. Frank Wukasch wusste, dass ein Konfrontationskurs aussichtslos war, und wechselte die Firmenpolitik - zuerst einmal Zusammenarbeit mit Deutschland, indem man die OTRAG als Höhenforschungsrakete anbot. Folgende Varianten waren vorgesehen:

	1-6-P	3-9-P	4-9-P	3-6-P2	4-6-P2	6-9-P2
Module Stufe 1:	1	3	4	3	4	6
Module Stufe 2:	-	-	-	1	1	1
Gesamtlänge:	9,4 m	14,1 m	14,1 m	4,4 m	14,4 m	15,1 m
Durchmesser:	0,27 m	0,58 m	0,64 m	0,58 / 0,27 m	0,64 / 0,27 m	0,98 / 0,27 m
Nutzlastlänge:	1,4 m	3,1 m	3,1 m	1,4 m	1,4 m	4,0 m
davon zylindrisch:	0,5 m	1,1 m	1,1 m	0,5 m	0,5 m	1,5 m
davon Spitze:	0,9 m	2,0 m	2,0 m	0,9 m	0,9 m	0,9 m
Durchmesser Nutzlast:	0,27 m	0,64 m	0,64 m	0,27 m	0,27 m	0,98 m
Maximale Nutzlastmasse:	200 kg	250 kg	300 kg	250 kg	350 kg	500 kg

Doch es war zu spät für eine Kehrtwende. Das Programm tröpfelte langsam aus. Die Steuerbehörden und der Bundesfinanzgerichtshof sprachen der OTRAG die Gewinnerzielungsabsicht ab. Damit war die OTRAG für Anleger unattraktiv geworden, denn nun fielen die Verlustabschreibungen weg. Sofern der Wechsel nach Libyen die Anleger nicht vorher verprellt hatte, so kam die OTRAG nun auf jeden Fall nicht mehr an neues Geld. Die technische Entwicklung kam zum Stillstand.

Es kam dann noch zu einem Start unter Leitung von Frank Wukasch bei der ESA in Kiruna (Norwegen) im Jahre 1983. Dieser verlief nicht erfolgreich. Es wurden Experimente der RWTH und Uni München gestartet. Allerdings drang Luft durch eine Öffnung im Instrumentenbehälter ein, brachte die Rakete zum Drehen und zerbrechen. Kaysers Firma wurde im Jahre 1986 von den Gesellschaftern aufgelöst.

Bis dahin hatte die Trägerraketenentwicklung 173 Millionen DM verschlungen, davon jeweils 25% für die Aktivitäten in Zaire und Libyen. Lutz Kayser rechnete damit, dass die Entwicklung einer Trägerrakete mindestens 500 Millionen DM erfordert hätte. Diesen Mitteln standen 18 Starts von Raketen mit maximal 2,5 bis 10 t Schub gegenüber. Damit war die OTRAG-Entwicklung um einiges ineffektiver als die Entwicklung bei der Ariane. Der Mittelfluss ist enorm hoch, für eine Firma mit niemals mehr als 40 Angestellten. Dafür verfügte Lutz Kayser über einen Privatjet mit Piloten, eine Villa an der Costa Esmeralda und ein Motorboot. Selbst wenn alles nur gemietet war, kann man aus Artikeln der siebziger Jahre entnehmen, dass Herr Kayser auf sehr großem Fuß lebte.

Die Behörden der Schweiz und Australiens verhängten 1997 ein Einreiseverbot gegen Lutz Kayser. Sie beriefen sich dabei auf eine schriftliche Vereinbarung zwischen libyschen Stellen und Kayser, die ihnen der CIA zugespielt hatte. Daraus gehe hervor, dass Kayser noch immer an Gaddafis Raketenprogramm mitarbeite. Offiziell arbeitete Lutz Kayser an der Entwicklung von Aufwindkraftwerken. Er hatte 2002 den Grad eines Professors inne und war Direktor Technical Education an der Libyschen Akademie der Wissenschaften.

Im Jahre 2001 kam die OTRAG nochmals indirekt in die Schlagzeilen, als ein ehemaliger Mitarbeiter der OTRAG wegen illegaler Lieferungen von Raketenteilen in den Jahren 1991 bis 1996 verurteilt wurde. Diese stehen jedoch in keinem Zusammenhang zur OTRAG und fanden erst nach Ende der Versuche in Libyen statt.

Kayser verfolgte weitere theoretischen Arbeiten am Trägersystem mit physikalischer Grundlagenforschung (Berechnung von atomaren und Nanostrukturen und deren Dynamik), solarer Seewasserentsalzung und atmosphärischen Aufwindkraftwerken. Danach lebte er für einige Jahre in San Mateo in Florida. Er ist CEO und Präsident der Firma "von Braun Debus Kayser Rocket Science LLC", ansässig in Wilmington, Delaware, USA. Er versucht seitdem, die Technologie der OTRAG in den USA zu vermarkten. Nach Auskunft von Kayser war es von Brauns und Kurt Debus Ziel die Technologie in die USA zu bringen und daher hat er diesen Namen für die Firma verwendet.

Das Gesellschaftsrecht im Bundesstaat Delaware / USA ist für Unternehmensgründer und -betreiber das günstigste innerhalb der Vereinigten Staaten. Delaware hat bei 700.000 Einwohnern 200.000 registrierte Gesellschaften. Google, Apple und viele andere Firmen sind deswegen in Delaware registriert. Der Bundesstaat ist eine Steueroase innerhalb der USA. Eine LLC (Limited Liability Company) ist eine besonders günstige Form einer "Einpersonengesellschaft", bei der vor allem die Registrierungsgebühren sehr gering sind.

Die von Braun Debus Kayser Rocket Science LLC ist nach Kaysers Angaben daher zunächst nur ein Mantel zur Übertragung der Lizenzrechte in die USA für die eventuelle zukünftige Einführung der CRPU-Massenfertigung und ihrer kommerziellen Verwendung in Raumfahrt-Trägerraketen. Kayser gibt an, nicht von der OTRAG für seine Erfindungen ausbezahlt worden zu sein und noch das Recht an ihnen zu besitzen. Frank Wukasch, Nachfolger von Kayser im Vorstand der OTRAG vertritt dagegen die Ansicht, dass die Rechte an den Entwicklungen der OTRAG noch immer bei den Gesellschaftern der OTRAG liegen. Da es die OTRAG nicht mehr gibt, ist diese Frage aber nur von akademischen Interesse.

Im Juni 2005 gab die kleine Firma Armadillo Aerospace, die damals an LOX/Ethanol angetriebenen suborbitalen Systemen für bemannte Flüge arbeitete, bekannt, dass Lutz Kayser ihnen einen Einspitzkopf für ein Triebwerk überlassen hat und Sie von dem Konzept begeistert sind. Allerdings wollen Sie es mit Wasserstoffperoxid / Kerosin probieren, eine Treibstoffkombination, die nicht viel besser als Salpetersäure/Kerosin ist, aber dafür eine geringere Dichte hat, also eher ein Rückschritt, als ein Fortschritt. 2007 hielt Kayser sich auf den Marshallinseln auf.

Im Jahre 2008 vermeldete die Firma Interorbital, dass Kayser sie bei der Antriebstechnik berät. Ihre neue Klasse von "Neptun" Raketen verwendet die OTRAG-Triebwerke und das Modulkonzept, soweit die veröffentlichten Daten dies erkennen lassen. Es gibt nur kleinere Änderungen. So ist nun die Form der Rakete kleeblattförmig und die erste Stufe wird in Form von Außenbündeln abgeworfen. Die zweite und dritte Stufe scheinen nun echte Düsen aufzuweisen. Die Brennkammer soll nun aus CFK-Werkstoffen bestehen. Der Schub liegt in der Region, in der man schon bei der OTRAG war: anfangs 6.000 Pfund, rund 27 kN. Später spricht die Firma von 7.500, 10.000 und 15.000 Pfund Schub (bis 67 kN). Die Tanks verwenden Aluminium für die Abschlüsse und CFK-Werkstoffe als Verstärkung für den Mantel. Der Einsatz von CFK-Werkstoffen ist eigentlich ein Widerspruch zu Kaysers Konzept, denn zwar sind diese zwar leicht und belastbar (keramische Werkstoffe auch hochtemperaturbeständig), aber nicht gerade billig. Der Treibstoff sind nun natürliche Öle, die hypergol mit der Säure reagieren. Videos zeigen Testläufe (allerdings nur über 9 Sekunden Brennzeit) und einen Start eines CRM (offensichtlich in 6 m Konfiguration), wobei dieses aber vom Start weg sich neigt. Auch hier brannte das Modul nur einige Sekunden lang.

Dabei scheint die Nutzlast beträchtlich gesteigert worden sein - ein 33 CRPM Träger "Neptun 1000" hat eine Nutzlast von 1.000 kg in einen polaren Orbit - zu OTRAG Zeiten benötigte man dazu noch 64 Module. Dafür ist es aber nun vierstufig (24 Module erste Stufe, sechs zweite, zwei als Dritte und ein Modul als vierte stufe. Damit will die Firma den Google Lunar X-Price gewinnen. Ein größeres Modell "Neptun 4000" soll dann Touristen für 5 Millionen Dollar für eine Woche ins All bringen. Daten gibt es noch weniger als früher, aber das Grundkonzept von Druckluftförderung, langen Rohrtanks und Salpetersäure/Kerosin (oder andere Kohlenwasserstoffe) ist geblieben. Einzige Änderungen sind, dass nun ein Triebwerk von vier Tanks gespeist wird und einen höheren Schub aufweist. Die Bezeichnungen der Träger wechseln. Das kleinste Modell zuerst genannt „Neptun 30", nun „Neptun 5" setzt vier Booster mit je vier Tanks, aber nur einem Triebwerk als erste Stufe, eine Zentralstufe mit größerer Expansionsdüse als zweite Stufe und einen kleinen Feststoffantrieb als dritte Stufe ein und soll so 30 kg in einen 300 km hohen Orbit befördern. Ein Start soll von einem schwimmenden Container auf der See aus möglich sein. Größere Raketen sollen von den Marshallinseln aus starten. Die kleinste Version nur aus CRPM hat sieben Module (4:2:1) und transportiert 50 kg ein einen Orbit.

Interorbital bietet den Transport von Cubesats an, für die es auch fertige Kits gibt. Nach der Homepage hat man auch 77 im Frühjahr 2014 verkauft. Drei Starts sind von 2014 bis 2016 geplant. Später will man den Google Lunar X-Price gewinnen und auch etwa 1,8 kg Mondgestein zur Erde zurückbringen. Auch dieses soll verkauft werden. Zeitweise bot die Firma auch bemannte Raumflüge an, doch diese sind mittlerweile von der Webseite verschwinden.

Bisher steht ein Start noch aus. Immerhin hat die Firma schon Triebwerktests absolviert. Ein spezifischer Impuls von 2.400 m/s (Meereshöhe, äquivalent 2.990 m/s im Vakuum, erreichbar wahrscheinlich nur mit den größeren Expansionsdüsen) wurde erreicht. Doch wie schon bei der OTRAG hinkt man dem Testprogramm hinterher, so sollten schon 2011 zwei Flüge erfolgen, die 10 bis 17 km Höhe erreichen sollten. Heute ist Kayser Propulsion System Consultant/Lunar Mission Consultant bei Interorbital. Versprochen wird eine Reduktion der Startkosten um den Faktor 10.

Abbildung 40: Dritter Start beim Besuch von Mobutu

Die OTRAG Rakete

Lutz Kayser vertritt die Ansicht, dass die bisherigen Träger nicht auf Kosten hin optimiert sind. Die als "Billigrakete" in die Gazetten eingegangene Rakete verwandte folgende Prinzipien, um die Kosten zu senken:

- Kostenreduktion durch Verwendung kommerziell verfügbarer Technologien: Die Tanks bestehen aus dem Stahl für Pipeline Rohre, die Motoren zum Öffnen/Schließen der Treibstoffventile stammen von Bosch und treiben sonst Scheibenwischer an.
- Reduktion der Entwicklungskosten durch Einsatz vieler kleinerer Triebwerke, anstatt der teuren Entwicklung größerer Triebwerke
- Reduktion der Produktionskosten durch eine einfache Bauweise und hohe Stückzahlen (Serienprinzip)
- Reduktion der Produktionskosten durch preiswerte Treibstoffe

In der Rakete stecken nach Lutz Kaysers Angaben 31 von ihm patentierte Entwicklungen. Im Jahre 2005 sollten davon 20 noch Bestand haben.

Das grundlegende Prinzip war das massive Bündeln einzelner sehr einfacher Triebwerke. Die ersten Raketen bestanden aus vier Tanks und vier Triebwerken. Intern wurde von "1-Pack", "4-Pack" und so weiter je nach

Abbildung 41: Ventilantrieb, Tankmontage und Tanktransport eines Moduls

Triebwerksanzahl gesprochen. Heute spricht Kayser von "**C**ommon **R**ocket **P**ropulsion **M**odules" abgekürzt CRPM oder auch "Common Rocket Propulsion Units" (CRPU). Einen deutschen Namen für die Module scheint es nie gegeben zu haben. Das Gleiche gilt für die Rakete. Bei der Gesellschafterversammlung wurde "WOTAN" vorgeschlagen, fiel aber zum Glück durch. In der Presse war meist von der "OTRAG Rakete" oder "Billigrakete" die Rede.

Die Tanks sollten aus modifizierten Pipelinerohren aus der Erdölindustrie bestehen. Sie wurden in einem speziellen Kaltwalzprozess hergestellt, um die relativ hohe Leermasse zu reduzieren. Der Stahl hatte eine Beanspruchungsgrenze von 1.600 N/mm². Die Verbindung sollte ursprünglich im Spiralschweißverfahren erfolgen. Man wich jedoch auf normale tiefgezogene Rohre aus. Jedes Rohr ist 27 cm dick und 3 m lang. Es besteht aus 0,5 bis 1 mm dicken, kohlenstoffarmen Edelstahl. Eine Maschine konnte weitgehend automatisch 10 Tanks pro Tag produzieren. Für die Tankdicke wurde 1979 ein Wert von 1,0 mm genannt, Lutz Kayser gab ihn 2005 mit 0,5 mm an. Harry O. Ruppe schreibt von 0,38 mm, allerdings bei 30 bar Innendruck. Die geflogenen Exemplare wiegen dreimal mehr, als aufgrund der Tankdicke zu erwarten ist, für sie ist eher eine Dicke von 1,5 mm anzunehmen.

Aufgrund der dünnen Wand waren die Tanks in der Querrichtung instabil und der Tankdruck war nötig um sie zu stabilisieren, wie man dies bei der Atlas tat. Die Tanks wogen bei 0,5 mm Wandstärke etwa 3,3 kg pro laufenden Meter. Dazu kam bei jeder Verbindungsstelle ein Zwischenboden von 2 kg Masse. Er war stärker (Dicke aufgrund der Masse etwa 4,3 mm), weil er sich sonst durchwölben würde. Ein 3 m langes Modul wog mit den M10 Schrauben zum Verbinden etwa 12 kg.

Bis zu acht dieser Rohre, mit einem Bajonettverschluss zusammen verbunden, bilden einen Tank von 27 cm Durchmesser und bis zu 24 m Länge. Es sind aber auch Tanks mit kürzeren Längen möglich. (Geplant waren 12 m und 18 m lange Module). Jedes Segment hat einen Tankboden, der unterbrochen sein kann, damit die Tanks durchgängig gefüllt werden können. Die Treibstofftanks werden nur zum Teil gefüllt, der Rest ist Druckluft mit bis zu 40 bar Anfangsdruck, welche die Treibstoffförderung übernimmt. Infolge der Leerung der Tanks sinkt der Druck dann auf 15 bar zum Schluss ab (bei 60% Füllungsgrad).

Als Treibstoff wird die preiswerte Kombination Salpetersäure / Dieselöl verwendet. Diese Kombination ist erheblich preiswerter als die sonst übliche Kombination Hydrazin/Stickstofftetroxid. Die Verwendung von flüssigem Sauerstoff scheidet wegen der hohen Verdampfungsrate bei den dünnen Tanks aus.

Salpetersäure hat den Vorteil sehr viel zu wiegen. Ein Liter wiegt 1,52 kg. Die Zumischung von Stickstofftetroxid macht die Mischung nochmals etwas dichter. Die im amerikanischen

Sprachgebrauch als HDA (High density acid) oder "IRFNA IV" bezeichnete Flüssigkeit, ist eine Mischung von 50% Salpetersäure und 44-49% Stickstofftetroxid und kleinen Mengen von Fluorwasserstoff und Wasser. HDA ist noch dichter als Salpetersäure und hat bei 0 Grad Celsius eine Dichte von 1,66 g/cm³. Sie wurde wegen der etwas höheren Dichte für die Orbitaleinsätze von Kayser favorisiert. Die Tests fanden jedoch noch mit normaler 98% Salpetersäure statt. Da die Tanks durch ihr ungünstiges Oberflächen/Volumenverhältnis und den dicken Hüllen (wegen der Beaufschlagung mit Druckluft) und der nur teilweisen Befüllung ein hohes Strukturgewicht aufweisen, ist eine hohe Dichte des Oxydators von Vorteil.

Salpetersäure / Kerosin ist ein sehr alter Treibstoff, der schon während des Zweiten Weltkriegs in der deutschen Wasserfallrakete eingesetzt wurde. Auch die Innendruckförderung und die radiale Einspritzung stammen beiden noch aus deutschen Entwicklungen zur Zeit des Zweiten Weltkriegs für die Wasserfallrakete. Letztere wurde in der Sowjetunion als R-101 und in den USA als Hermees nachgebaut. Die Diamant setzte die gleiche Kombination in der ersten Stufe ein, ebenso die Coralie Stufe der Europa. Experten sehen hier eine Querverbindung zu Wolfgang Pilz, der 1962 für Nasser in Ägypten Trägerraketen mit derselben Technologie entwickelte und mit dem Kayser befreundet war.

Ein Nachteil der Säure - dass die Dichte stark temperaturabhängig ist - spielte bei den nur teilweise gefüllten Tanks der OTRAG-Rakete keine Rolle. Die Salpetersäure befand sich bei der OTRAG oben, während man normalerweise, um einen tieferen Schwerpunkt zu erhalten, die schwerere Komponente in den unteren Tank füllt. Durch die nur teilweise Befüllung der Tanks ergab dies aber eine bessere Schwerpunktslage als die umgekehrte Befüllung. Der Oxidatortank war dreimal länger als der Brennstofftank, was einem Masseverhältnis von 1:5,5 (HDA) beziehungsweise 1:6,0 (Salpetersäure) entspricht. In der Literatur wird ein Mischungsverhältnis von 4,8 zu 1 bei Tests genannt. Die OTRAG hat auch andere Kombinationen wie rotrauchende Salpetersäure (zugesetztes Stickstofftetroxyd, das an der Luft wieder ausgast) als Oxidator und andere Kohlenwasserstoffe (Kerosin, JP-1) als Treibstoffe erprobt. Der Einspritzkopf des Triebwerks zeigte sich als sehr robust gegenüber unterschiedlichen Oxidatoren und Verbrennungsträgern. Das Betankungsverfahren war ungewöhnlich:

- Betankung mit Pressluft bis 40 bar Innendruck.

Abbildung 43: Montage der Tanks und der Nutzlastspitze

Abbildung 42: Montage der Triebwerke, Einspritzkopf und Steuerung der Ventile

- Die Öffnung der Treibstoffventile lässt den Luftdruck durch die Triebwerke bis auf 15 bar ab. Dies dient der positiven Funktionskontrolle der Ventile und Freiheit des Einspritzkopfes von etwaigen Verstopfungen.

- Druckbetankung gleichzeitig mit Oxidator und Brennstoff bis auf 40 bar Tankdruck.

Der ganze Vorgang konnte in minimal 3 Minuten erfolgen und geschieht zeitlich parallel und vollautomatisch in allen Modulen mit separaten Betankungsanlagen. Der Druck nimmt beim Betrieb auf 15 bar ab (den Druck den die Tanks vorher leer hatten). Die Ventile sind so justiert, dass der Widerstand beim Verbrennungsträger höher ist als bei Oxidator, sodass ein gleichmäßiger Treibstofffluss entsteht und das Volumenverhältnis von Oxidator zu Brennstoff immer gleich bleibt.

Da das Triebwerk immer gleich schwer ist, nimmt das Voll-/Leermasseverhältnis bei steigender Länge der Tanks zu. Als optimal wurde eine Länge von 24 m angesehen. Darüber hinaus steigen die Gravitationsverluste durch den zu geringen Schub wieder stark an. Der Schub würde eine Verlängerung auf bis zu 40 m zulassen. Das Leer-/Vollmasseverhältnis wurde 1980 für eine 24 m Version mit 0,15 angegeben, etwa doppelt so hoch wie bei konventionellen Raketen. Die Daten, die mir 2005 Lutz Kayser gab, sind erheblich besser und liegen bei 0,1 für eine 24-m-Version, 0,15 für eine 18-m-Version und 0,18 für eine 12-m-Version. Bei der 24 m Version enthielt ein Modul 1.130 kg HDA und 220 kg Dieselöl, also 1.350 kg Treibstoffe bei einer Startmasse von etwa 1.500 kg.

Bei den ersten Modulen wandte man noch eine andere Technologie an und füllte den Oxidatortank voll und erzeugte den Druck durch eine Druckleitung aus dem Brennstofftank, der nur teilbefüllt wurde. Später kam man auf die konventionelle Lösung zurück, weil der Mehraufwand nicht den Vorteil einer etwas besseren Gewichtsbilanz (man konnte die Tanks etwas voller befüllen) rechtfertigte.

Tank	
Länge eines Tanksegmentes:	3,00 m
Durchmesser eines Tanksegments:	0,27 m
Masse eines Tanksegments:	10 kg
Masse eines Verbindungsstückes:	2 kg
Tankvolumen:	171 l
Zuladung Salpetersäure bei 66% Füllung (3 m Segment):	174 kg
Zuladung HDA bei 66% Füllung (3 m Segment):	188 kg
Zuladung Diesel bei 66% Füllung (3 m Segment):	92 kg
Tankdruck (Zündung):	40 bar
Tankdruck (Brennschluss):	15 bar
Tankmasse bei den Testexemplaren:	43,1 kg
Treibstoffzuladung bei den Testexemplaren (50% Füllung):	106,8 kg
Tankmasse (geplant):	14 kg
Treibstoffzuladung (Volumen 3:1, 66% Füllung):	153,5 kg

Das Triebwerk

Jedes Triebwerk ist wie die Tanks 27 cm breit und 1 m lang. Davon entfallen 60 cm auf die Brennkammer und der Rest auf Ventile und Einspritzblock. Das Triebwerk ist nicht schwenkbar. Es wird nicht aktiv gekühlt, sondern verwendete eine Ablativkühlung aus Kunstharz und Asbest. Die einzigen beweglichen Teile sind die Ventile, welche den Treibstofffluss regeln. Die Kugelventile stammen von Argus aus der chemischen Industrie und sie werden von Gleichstrom-Elektromotoren aus der Automobilindustrie angetrieben. (Zuerst waren es 50 Watt Bosch Motoren für Scheibenwischer, diese waren jedoch nicht leistungsfähig genug, weshalb der dritte Start mit einer Schubregelung scheiterte, sodass man auf 100-120 Watt Motoren überging). Schwierig war vor allem die Entwicklung der radialen Einspritzung des Treibstoffs. Jedes Triebwerk hat einen mittleren Schub von etwa 25 kN. Dieser kann jedoch in einem weiten Bereich variiert werden, und nimmt während des Abbrandes ab.

Ein Triebwerk bezog also den Oxidator aus einem Tank und den Brennstoff aus einem zweiten Tank des nebenstehenden Moduls. Diese Konstruktion erlaubte es, das Triebwerk mit einer Schraube fest anzubringen. Es saß zwischen den Tanks. Die Masse des Triebwerks betrug 65 kg. Eine Reduktion des Gewichts auf 50 kg sollte nach Angaben von Lutz Kayser möglich sein.

Das Triebwerk wurde noch zusammen mit der DFVLR erprobt und getestet. Schon in der ersten Projektphase bis 1972 gab es schon 200 Brennversuche mit drei Fehlschlägen. Bis zum Ende der Förderung durch das BMFT im Jahre 1974 waren es 2.000 Versuche und bis zur Einstellung erfolgten 6.000 Tests, mit einer akkumulierten Betriebsdauer von 1 Million Sekunden.

Jedes Triebwerk hat eine Leitung von dem oben liegenden Oxidator und Brennstofftank. Anders als bei anderen Triebwerken wird der Treibstoff nicht durch einen Einspritzkopf oben am Triebwerk, sondern radial von der Außenseite eingespritzt. Lutz Kayser nennt dies als eine von Entwicklung, die erst nach einigen Rückschlägen funktionierte. Sie ist aber auch von französischen Raketen bekannt. Die Einspritzung erfolgt durch drei Ringe mit je 144 Öffnungen, welche eine

Abbildung 44: Das Triebwerk

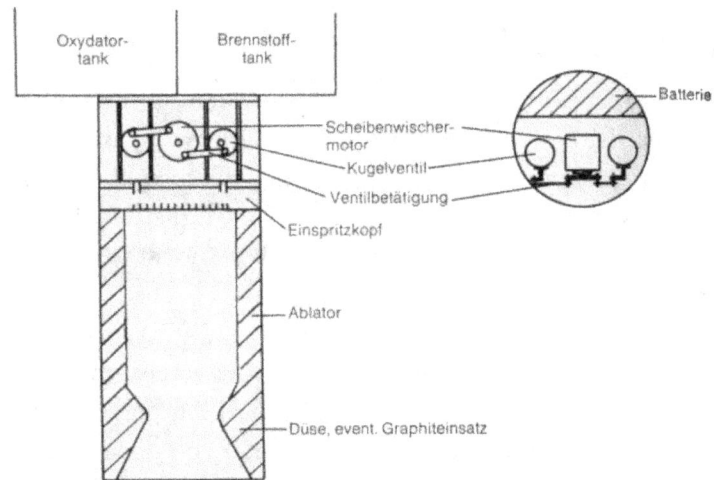

besonders gute Vermischung ermöglichen sollen. Das radiale Konzept verhindert, das Treibstoff auf die Brennkammerwand gelangt, und sich so der Reaktion entzieht. Die Folge ist ein besonders hoher Wirkungsgrad bei der Verbrennung. Der Einspritzkopf kostet rund 1.000 DM und ist aus Metall. Auf ihm befinden sich Ventile, Elektromotoren und die Regelung.

Abbildung 45: Aufbau des Triebwerks

Die eigentliche Brennkammer ist aus einem massiver Block aus Phenolharz / Asbest (derselben Mischung aus der Hitzeschutzschilde bestehen) herausgefräst. Während des Betriebs verdampft ein Teil der Brennkammerwand und dies kühlt den Rest.

Der Düsenhals ist ein einfacher Graphitring. Durch seine Öffnung kann der Schub in einem sehr weiten Bereich geregelt werden. Der Schub ist so variierbar in einem Bereich von 5-50 kN. Eine Öffnung von 80 mm wurde bei den Tests mit 6 oder 12 m langen Modulen verwendet. Diese Öffnung ergibt einen Schub von 25 kN, der beim Betrieb auf 15 kN abnimmt (durch die Abnahme des Brennkammerdruckes von 30 auf 10 bar). Bei den größeren 24 m langen Modulen für eine Trägerrakete hätte die Öffnung einen Durchmesser von 100 mm gehabt. Der Schub hätte dann 35 kN zum Beginn, abnehmend auf 15 kN betragen.

Da der Tankdruck durch die zunehmende Entleerung der Tanks abnimmt, sinkt der Brennkammerdruck während des Betriebs von 30 auf 10 bar ab, analog der Schub. Das Brennkammer- zu Düsenmündungsdruckverhältnis muss bei diesem geringen Durchmesser unter 15 liegen, die eingesetzten Exemplare hatten aber keine Düse, da sie alle noch in der unteren Atmosphäre ausbrannten. Geplant war, dass auch die Düse aus einem Block ausgefräst wird.

Es gab keine spezielle Anpassung für den Betrieb in großen Höhen für die zweite und dritte Stufe. Das Triebwerk verlor beim Betrieb 15 kg an Masse, weil die Ablation verdampfte. Dadurch soll der spezifische Impuls um 1-2% gesteigert worden sein. Auf der anderen Seite verändern sich so Größe der Brennkammer, Düsenhalsdurchmesser etc. Wie sich dies auf die Performance auswirkt, ist nicht geklärt. Die Abbildung eines realen Schubverlaufs, zeigt das dieser durchaus komplex ist.

Abbildung 47: Test der Triebwerke in Lampolshausen

Die Brenndauer war abhängig vom Befüllungsgrad der Tanks und dem Schub und lag bei 20 bis 150 Sekunden. Für die 24 m Version wurden 150 s angegeben, für die 15 m Version 120 s. Die getesteten kurzen Module brannten viel schneller aus. Sie waren auch weniger stark befüllt und kürzer. Der spezifische Impuls für die 24 m Version wurde von Kayser mit 2.648 m/s bei 1 bar Außendruck und 2.913 m/s im Vakuum angegeben. Dies sind jedoch Werte, die nicht experimentell bestätigt sind. Bei den Tests in Lampoldshausen hatte das Triebwerk einen spezifischen Impuls von lediglich 1.800 m/s entsprechend etwa 2.000-2.100 m/s im Vakuum.

Das Triebwerk hat so einen sehr einfachen Aufbau. Keine Möglichkeit den Schubvektor zu variieren, keine Pumpen oder Gasgeneratoren. Auch entfiel eine aufwendige Konstruktion der Brennkammer. Es gibt keine doppelwandige Brennkammer mit Regenerationskühlung, ebenso entfiel eine aufwendige Konstruktion der Düse. Es ähnelt in dem grundsätzlichen Aufbau keinem bestehenden Triebwerk und ist als ehesten noch mit Satellitentriebwerken zu vergleichen, die ebenfalls im "Blowdown" Verfahren arbeiten. Im Vergleich zu diesen ist es aber nochmals einfacher ausgelegt.

Aufgrund der Konstruktion der Rakete kann ein Triebwerk nur maximal 27 cm breit werden, das bedeutet, dass die Düsenfläche begrenzt ist und man nur einen Teil der Energie im Treibstoffstrahl nutzen kann. Das Flächenverhältnis von Düsenhals zu Düsenmündung beträgt nur 6. Lutz Kayser hält Expansionsverhältnisse von >=20 für unwirtschaftlich (dieser Wert beträgt bei modernen Oberstufen 100-240, um den Treibstoff effizient zu nutzen). Er nimmt an, dass die eng nebeneinanderliegenden Triebwerke einen gemeinsamen gebündelten Strahl ergeben, der einen Staudruck erzeugt, welchen die niedrige Expansion wieder zum Teil ausgleichen soll.

Die Zündung erfolgt durch 50% Furfurylalkohol in 50% Wasser am Boden der Dieselöltanks, Die 0,3 kg Furfurylalkohol sind in wässriger Lösung schwerer als Dieselöl und nicht mit diesem mischbar. Sie strömen also zuerst in die Brennkammer. Die Mischung ist mit Salpetersäure hypergol, entzündet sich also bei Kontakt. Die Zündung erfolgt innerhalb von 10 ms und das nachströmende Dieselöl hält die Verbrennung aufrecht. Eine Wiederzündung ist nicht möglich und eine Zündung unter Schwerelosigkeit auch nicht (hier würde der Furanol sich mit dem Kerosin vermischen).

Die Steuerung geschieht über Ventile mit einem Planetengetriebe, die den Treibstofffluss in drei Stellungen regeln. (Zu, halber Durchfluss, voller Durchfluss). Der halbe Durchfluss entsprach einem Schub von 40% des Nominalwertes. Die Rakete würde sich neigen, indem man den Zufluss an einer Seite absenkt und so den Schub lokal erniedrigt. In der aerodynamischen Phase sollten bei den einfachen Modellen Rohrflossen (kurze Rohre) anstatt Finnen die Rakete stabilisieren. Dieses Konzept wurde in Windkanälen der DFVLR erprobt. Die größeren Versionen würden dann eine Regelung der Schubkraft einsetzen, um die Bahn zu ändern.

Neben der Regelung der Schubkraft über den Zufluss war es auch möglich, den Schub über den Förderdruck zu regeln. Dieser sank, während sich die Tanks entleerten, von alleine von 40 auf 15 bar ab. Es wäre aber auch möglich gewesen, den Anfangsdruck zu verringern. Der minimale Schub für einen stabilen Betrieb betrug 40% des Nominalschubs, also etwa 10 kN.

Jedes Triebwerk beherbergt einen einfachen Mikrocontroller, der nur feststellen kann, ob ein Triebwerk funktioniert. Es handelte sich um ein einfaches ASIC von Motorola, welches mit der Nickelcadmiumbatterie und zwei Darlington-Transistoren in einem Polyurethanblock eingegossen war. Die Darlington Transistoren erlaubten es die hohe Stromlast für die Motoren zu erzeugen, ohne die Versorgungsspannungen der Batterie zu belasten.

Bei einer Fehlfunktion wird das Ventil geschlossen und eine Nachricht an den Hauptrechner zur Steuerung der ganzen Rakete über Funk geleitet. Dieser schaltet bei einer Fehlfunktion das zugehörige entgegengesetzte Triebwerk ab, damit der Schub symmetrisch ist. Diese Steuerung wurde durch Rechnersimulationen erprobt. Dasselbe Verfahren setzte die russische Mondrakete N-1 ein.

Kayser gibt die Zuverlässigkeit der Triebwerke als "6 Sigma" an. Doch dabei handelt es sich um eine Größe aus der Produktionstechnik, die für einen Produktionsausschuss von 3,4 Teilen bei 1 Million Stück beziffert. Es ist kein Zuverlässigkeitswert für Raketentriebwerke.

Das Triebwerk zeichnet sich dadurch aus, dass zahlreiche Parameter sich während des Fluges ändern. Der Brennkammerdruck sinkt während des Betriebs ab, das Brennkammervolumen steigt durch Abtragung des Isolationsmaterials. Die Düse und der Düsenhalsdurchmesser werden laufend größer. Insgesamt sollen in 20 Jahren über 50 Millionen DM in die Optimierung des Triebwerks geflossen sein.

Unabhängige Daten gibt es nur seitens der Tests bei der DFLR. Vieles spricht dafür, dass die weiteren Daten prognostiziert wurden aus den Ergebnissen der Tests. Das DFVLR sah insbesondere in der Reduktion

Abbildung 48: die "Düse" des Triebwerks: ein einfacher Graphitring

des Ablationsschutzes als ein Risiko. Wie stark dieser über die gesamte Brennzeit abgetragen würde, wäre schwer vorhersagbar. Sowohl eine Düse mit einem hohen Expansionsverhältnis wie auch ein hoher Startschub macht eine Reduktion der Wandstärke notwendig. Vieles spricht dafür, dass das DFVLR mit der Einschätzung recht behielt. Bei diesen Tests zeigte das Triebwerk die ausgeprägte Tendenz, mit einer Frequenz von 600 Hz zu vibrieren. Ein Problem, das bis zum Abschluss der Arbeiten nicht gelöst war.

Daten von Testtriebwerken bei dem DFVLR	Testversion	Testversion mit reduziertem Ablationsschutz
Schub	30 kN	30 kN
Gewicht:	74,8 kg	52,8 kg
Expansionsverhältnis	1	1

Parameter	Wert
Masse (Zündung):	65 kg
Masse (Brennschluss):	52 kg
Länge:	1 m
Durchmesser:	0,27 m
Länge Brennkammer und Düse:	0,6 m
Brennkammerdruck (Zündung):	30 bar
Brennkammerdruck (Brennschluss):	10 bar

Charakteristische Länge bei Zündung:	2,0 m
Charakteristische Länge bei Brennschluss:	1,5 m
Schubvariationsbereich:	5-50 kN
Schub bei den Tests (Boden):	30 kN
Schub bei den Tests (Vakuum, theoretischer Wert):	36,2 kN
Max. Schub bei 100 mm Düsenhalsdurchmesser:	35 kN
Max. Schub bei 80 mm Düsenhalsdurchmesser:	25 kN
Minimaler Schub in % des Startschubs:	40%
Minimale Brenndauer:	20 Sekunden
Maximale Brenndauer:	150 Sekunden
Expansionsverhältnisse (geplant)	4 erste Stufe, 8,45 zweite Stufe, 16,2 dritte Stufe

Abbildung 49: Test eines Moduls in Lampoldshausen

Stufen

Ein Tank und ein Triebwerk bilden eine kleinste Einheit. Lutz Kayser nennt heute diese Technologie "Common Rocket Propulsion Units", abgekürzt CRPU.

Die Länge der Rakete kann durch die Anzahl der 3-m-Tankmodule variiert werden. Die Tests fanden mit Modulen von 6 bis 12 m Länge statt. Ideal sind wegen des Volumenverhältnisses von Oxidator zu Brennstoff von 3:1 die Raketen von 12 und 24 m Länge, da dann der Dieseltank aus einem beziehungsweise zwei 3 m Segmenten besteht. Bei den Zwischengrößen ist es nicht möglich, die volle Kapazität eines Tanks auszunutzen.

Die einfachste OTRAG-Rakete besteht aus konzentrisch ineinander geschachtelten Würfeln mit folgender Stufung:

- Stufe 3: 4 × CRPM (2 × 2 Würfel)

- Stufe 2: 12 × CRPM (+ die inneren 4 CRPM = 16 CRPM = 4 × 4 Würfel)

- Stufe 1: 48 × CRPM (+ die inneren 16 CRPM = 64 CRPM = 8 × 8 Würfel)

Diese Rakete mit einer Startmasse von etwa 100 t besäße eine Nutzlast von 1 t und wäre ohne Nutzlast 25 m hoch und 2,4 m breit. Die Höhe bleibt, nur die

Abbildung 50: Betanken der Stufen

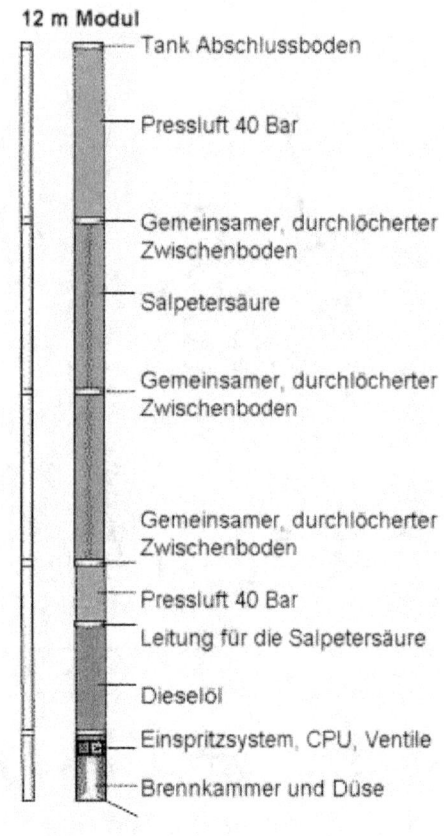

Abbildung 51: Aufbau des Tanks

Breite wird bei den folgenden Modellen immer größer. Die äußeren Stufen umgeben die Inneren ringförmig. Prinzipbedingt sind so zahlreiche Variationen möglich, wobei die innerste Stufe immer ein Viererkern ist.

Analog ist eine rechteckige Konfiguration möglich. Dies zeigt dieses Modell:

- Stufe 3: 8 × CRPM (2 × 4 Rechteck)

- Stufe 2: 24 × CRPM (+8 CRPM = 32 CRPM = 4×8 Rechteck)

- Stufe 1: 96 × CRPM (+24 CRPM = 128 CRPM = 8×16 Rechteck)

Diese Rakete wäre 4,8 × 2,4 m breit bei einer Höhe von 24 m. Man hat auch erwogen den äußeren Ring um 3 m zu verlängern, um so den Nutzlastraum zu bilden. Diese Triebwerke würden dann 15 s länger brennen. Später hat man diese Idee wieder verworfen.

Die stark anwachsende Breite der Rakete und das Bündeln vieler Triebwerke sollten nach Kaysers Vorstellungen einen zusätzlichen Rückstoß erbringen. Wie beschrieben endet die Düse schon kurz nach der Brennkammer, sodass die Gase bei Düsenaustritt noch sehr wenig Energie auf die Rakete übertragen haben. Die sich aus vielen Triebwerke verbindenden Gasströme stauen sich und so kommt es zu einem weiteren Rückstoß, der nach Kaysers Überlegungen den spezifischen Impuls um 10-12% steigern soll.

Folgende Standardversionen waren angedacht (Nutzlast in einen 200 km hohen LEO-Orbit)

Gesamtzahl an CRPM	Nutzlast	Startmasse	Stufe 1	Stufe 2	Stufe 3
64	1 t	100 t	48	12	4
128	2 t	200 t	96	24	8
256	4 t	400 t	192	48	16
512	8 t	800 t	384	96	32
1024	16 t	1600 t	768	192	64

Die Nutzlastdaten beziehen sich auf einen niedrigen Erdorbit. Die Nutzlast für den GTO Orbit betrug nach OTTRAG Angaben etwa 40% davon und die Nutzlast für den GSO-Orbit etwa 20% davon (dies wäre auch in etwa die Nutzlast zu Venus oder Mars). Eine 200 t schwere Rakete mit 128 Modulen hätte also die Nutzlast einer Delta 3914 gehabt, dem Standardmodell der damaligen Zeit und eine Version mit 256 Modulen wäre etwas schlechter als eine Atlas-Centaur oder Ariane 1 gewesen.

Dies sind nur einige der möglichen Trägerraketen. Es ist möglich, jederzeit Module hinzuzunehmen oder wegzulassen. Bei den größeren Raketen ist es auch möglich, eine vierte oder fünfte Stufe einzubringen, indem man zum Beispiel bei der 256 CRPM Version die zentralen 16 CRPM in 12 CRPM (dritte Stufe) und 4 CRPM (vierte Stufe) aufteilt. Dies wäre nötig gewesen für einen Transport in den geostationären Orbit oder für Planetenmissionen. Diese Flexibilität ist einer der Pluspunkte des OTRAG Konzeptes. Eine kleinste Einheit mit 4 Treibstoffbündeln und 4 Triebwerken würde heute 33.200 Dollar kosten.

Herr Kayser gab mir Werte eines 24 m Moduls, und als ich Unstimmigkeiten bemängelte, neue Daten, die in Schub und Brennzeit von den Ersten erheblich abwichen. Ich habe daher beide angegeben, getrennt durch einen "/". Weiterhin waren die realisierten Module erheblich schlechter als die Zielparameter. Hier die Daten eines 24 m langen Moduls bestehend aus einem Tank und einem Triebwerk. Diese Länge wäre für eine Orbitalversion vorgesehen gewesen.

Abbildung 52: Blick von unten auf die Triebwerke

Modul	Geplante Daten	Aus den Daten der gestarteten Module extrapoliert
Länge	25 m	25,1 m
Durchmesser	0,27 m	0,27 m
Tankmasse	100 kg	273,1 kg
Triebwerk	65 kg	74,8 kg
bei Brennschluss	50 kg	
Schub beim Start	35 kN / 25 kN	27,5 kN
Schub bei Brennschluss	15 kN / 15 kN	
Brenndauer	150 sec / 120 sec	90,8 s - 96 s
Oxidator HDA	1.130 kg	943,8 kg
Füllung	66%	66%
Länge Oxidatortank	18 m	18,1 m
Verbrennungsträger Dieselöl	220 kg	184 kg
Füllung	78,1%	66%
Länge Brennstofftank	6 m	5,9 m
Startmasse	1.515 kg (1978: 1.361 kg)	1.475,7 kg
Leermasse	165 kg (1978: 172 kg)	347,9 kg
spezifischer Impuls (Boden)	1778 / 2.648 m/s	
spezifischer Impuls (Vakuum)	2276 / 2.913 m/s	

Auf die voneinander abweichenden Werte werde ich noch unten eingehen. Intern rechneten Ingenieure durchaus konservativer. Ein mir von einem OTRAG-Mitarbeiter zugesandtes Dokument, dass den handschriftlichen Vermerk von Kayser "Gute Arbeit" trägt, geht von folgenden Faktoren aus:

- Strukturfaktor (Anteil der Leermasse an der Startmasse): 12-15% bei 24 m langen Modulen. 20-25% bei 12 m langen Modulen und 30% bei 6 m langen Modulen.

- Spezifischer Impuls 230s (2.256 m/s) bei den ersten Stufen, 260 s = 2.550 m/s) bei den oberen Stufen.

Diese wesentlich schlechteren Daten bedeuten, dass eine dreistufige Rakete gerade einmal mit wenig Nutzlast einen Orbit erreicht und es sind vier bis fünf Stufen nötig um sie zu steigern. Ein Träger mit 676 Modulen und fast 1.000 t Startmasse weist so nur eine Nutzlast von 8 t (anstatt 10,5 t) auf. Bei GTO Nutzlasten wird die Differenz noch größer. Das obige Gerät würde nur 1,5 bis 2 t in die GTO-Bahn transportieren (anstatt 4,2 t). Ariane 1 hatte die gleiche GTO-Nutzlast (1,86 t, aber die LEO-Nutzlast betrug nur 4,5 t - das die Nutzlast bei höheren Anforderungen stark zurückgeht ist die logische Folge aus der Kombination schlechter Strukturfaktoren und ineffizienter Verbrennung.

Der Zusammenbau der Rakete gestaltete sich relativ einfach. Man brauchte nur eine Arbeitsbühne mit festen Zugängen in jeweils 3 m Abstand, um jeweils die Rakete um ein Modul zu erhöhen. Viel komplexer als ein Baugerüst ist daher die Startanlage nicht. Das ermöglichte letztendlich auch den Start in Zaire. Das Betanken der Stufe erfolgte zuerst mit Druckluft und dann nach Dichtigkeitsprüfung mit dem Treibstoff. Ob dies noch so einfach bei 500 Modulen gewesen wäre, ist zu bezweifeln.

Der Start erfolgte folgendermaßen:

Jeder Triebwerkskontroller jedes Moduls erhält Befehle vom Zentralrechner (in der letzten Stufe) und wandelt diese in Leistung an die Gleichstrom-Motoren zur Ventilbetätigung:

- Ventilöffnung bis 40% Schub

- Meldung vom Controller, wenn der Brennkammerdruck 40% erreicht ist zum Zentralrechner.

- Wenn Zentralrechner die 40%-Rückmeldung von allen Triebwerken erhalten hat, wartet er 0,2 s und gibt dann das Kommando "100% Schub" an alle Triebwerke.

Abbildung 53: Blick aufs Heck eines Moduls mit 4 Triebwerken

- Ventilöffnung auf 100% (innerhalb von 0,5 s hebt die Rakete ab, ohne dass sie am Boden festgehalten werden müsste)

- Bei Abweichung der Nick- und Gier-Bewegung von dem Sollwert erhalten die entsprechenden Triebwerkskontroller das Kommando zur Schubdrosselung / Schuberhöhung.

- Bei Erreichen der Zielgeschwindigkeit Kommando zum Drosseln der Triebwerke auf Null.

Innerhalb von 1,2 Sekunden hebt die Rakete ab. Dies ist ein Rekordwert.

Ein Nachteil dieses Konzepts ist, dass beim Drosseln und Abschalten von Triebwerken größere Treibstoffmengen in den Tanks verbleiben, welche von den anderen Triebwerken nicht genutzt werden können. Sie erhöhen daher die Leermasse. Für die Rollsteuerung erwog man zuerst, die Triebwerke des äußersten Ringes um 10 Grad aus der Schubachse versetzt anzubringen. Eine Reduzierung des Schubs eines Triebwerks bewirkt dann ein Rollen der ganzen Rakete. Später fasste man ein zusätzliches Kaltgassystem ins Auge.

Rollen an den Tanks erlauben eine Stufentrennung, indem die nächste Stufe aus dem Gerüst der sie umgebenden Stufe herausrollt. Die jeweils obere Stufe ist durch fünf Auflagen pro CRPM (Modul) auf die jeweils untere Stufe gestützt, sodass sie nicht nach unten "fallen", aber nach oben bei Zündung heraus starten kann. Die Trennung soll etwa 2 s dauern.

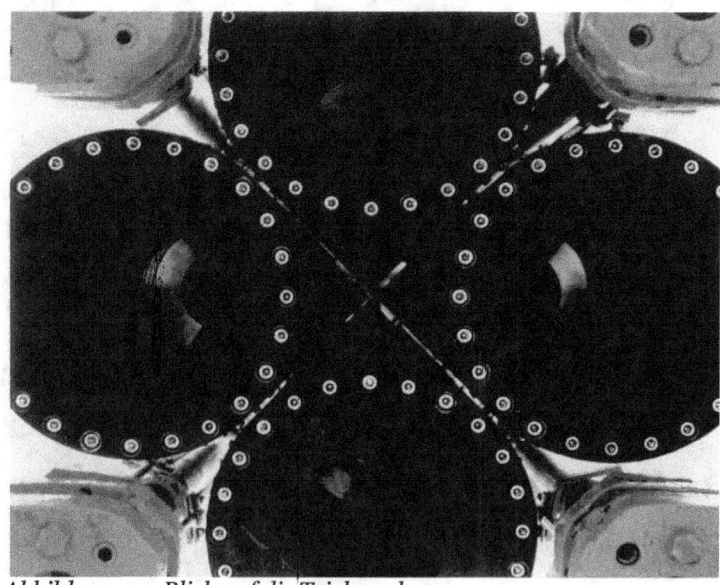

Abbildung 54: Blick auf die Triebwerke

Es gibt keine Vorbeschleunigungstriebwerke, welche bei einem Start in der Schwerelosigkeit die Treibstoffe am Boden sammeln. Da der Furfurylalkohol zuerst in die Brennkammer strömen muss, muss die obere Stufe gezündet werden, solange die untere noch in Betrieb ist. So verbleiben in jedem Falle noch Treibstoffreste. Ob man den geringen Restschub durch die Druckluft (die ausströmt, wenn der Treibstoff verbraucht ist) zur Vorbeschleunigung nutzen kann, ist offen, vor allem aber riskant.

Über der letzten Stufe befindet sich ein Zentralrechner. Er sollte über ein Kreiselsystem zur Feststellung der Beschleunigungen und Lage verfügen. Dieses dient zum Berechnen der Geschwindigkeit und Ort der Rakete. Die Steuerung erfolgte durch ein konventionelles Programm, welches die Rakete auf eine vorgegebene Sollflugbahn lenkt. Die Triebwerkskontroller würden durch einen 600 Kanal Funksender/Empfänger angesteuert. Heute würde Kayser nach eigenen Aussagen dafür WLAN einsetzen. (Da es bei WLAN aber nur etwa 10 nutzbare Funkbänder gibt, wäre dies wohl in der Praxis nicht möglich). Die erste und zweite Stufe sollten betrieben werden, bis die Treibstoffe aufgebraucht sind. Dies soll nach Angaben von Kayser auf 0,1% genau möglich sein. Die dritte Stufe wird bei Erreichen der gewünschten Endgeschwindigkeit abgeschaltet. Dies soll mit einer Genauigkeit von 0,01 s möglich sein.

Die Testflüge der kleineren Versionen wurden durch Programm gesteuert und waren aerodynamisch stabilisiert. Störmomente um die Rollachse erachtet Kayser wegen der hohen Bausymmetrie der gebündelten Module als sehr gering. Sie sollten durch ein tangentiales Kaltgasschubsystem in jeder Stufe kompensiert werden.

Für die Entwicklung einer Rakete mit 2 t GTO Nutzlast hätte die OTRAG etwa 500-700 Millionen DM gebraucht, also etwa ein Viertel bis Viertel der Ariane Entwicklungskosten. Ein derartiger Träger sollte innerhalb von 10 Jahren entwickelt werden. Später sollte die OTRAG bis zu 2.000 Personen direkt beschäftigen und 40.000 Arbeitsplätze in Zulieferunternehmen sichern. Wäre die OTRAG-Rakete wirklich erfolgreich geworden, so wäre sie mit Sicherheit der skalierbarste und preiswerteste Träger gewesen.

Abbildung 55: Montage der Rohrfinnen

Varianten

Wie schon erläutert wäre es möglich, jede beliebige Nutzlast durch eine geeignete Kombination von Modulen zu starten. Kayser hat folgende Standardgrößen vorgeschlagen. Für größere Raketen wären hexagonale Anordnungen anstatt quadratische oder rechteckige günstiger. Die Trägerraketen sollten aus 24 m Modulen bestehen. Kürzere Module dienten der Erforschung der Technologie.

Bei Typen, die eine vierte oder fünfte Stufe ermöglicht hätten habe ich die Daten für eine vierte Stufe in runden Klammern () und die für eine fünfte Stufe in eckigen Klammern [] gesetzt. Die Rakete sollte eine Nutzlast der Delta Klasse (2,5 t Gewicht) für 7 Millionen, eine der Atlas Klasse (5 t Gewicht) für 12 Millionen und eine der Titan Klasse (10 t Gewicht) für 15 Millionen Dollar zu starten.

Typ	Abmessungen (Breite × Länge × Höhe)	Stufe 1 Module	Stufe 2 Module	Stufe 3 Module	Stufe 4 Module	Stufe 5 Module	Nutzlast	Startmasse
Pak-64	2,4 × 2,4 m × 25 m	48	12	4	-	-	1 t	97 t
Pak-128	2,4 × 4,8 m × 25 m	96	24	8	-	-	2 t	194 t
Pak-256	4,8 × 4,8 m × 25 m	192	48	16 (12)	(4)	-	4 t	388 t
Pak-512	4,8 × 9,6 m × 25 m	384	96	32 (24)	(8) [6]	[2]	8 t	784 t
Pak-1024	9,6 × 9,6 m × 25 m	768	192	64 (48)	(16) [12]	[4]	16 t	1.578 t
Pak-676	8,0 × 8,0 m × 25 m	508	131	36 (27)	(9) [6]	[3]	10 t	1.031 t
Pak-289	5,0 × 5,0 m × 25 m	225	48	16 (12)	(4)	-	5 t	388 t
Pak-169	4,0 × 4,0 m × 25 m	121	36	12 (10)	(2)	-	2,5 t	255 t
Pak-100	3,0 × 3,0 m × 25 m	75	21	4	-	-	1,5 t	151 t
Pak-36	1,8 × 1,8 m × 25 m	27	8	1	-	-	0,5 t	54,3 t
Pak-25	1,5 × 1,5 × 13 m	16	4	2	-	-	0,2 t	20,2 t

Folgende Höhenforschungsraketen waren geplant:

Parameter	1-3-B	1-6-B
Gesamtlänge:	6,035 m	9,185 m
Davon Nutzlastsektion:	1,935 m	2,085 m
Durchmesser:	0,27 m	0,27 m
Länge Treibstofftank:	3,00 m	6,00 m
Trockenmasse Rakete:	218,7 kg	261,8 kg
Treibstoff:	106,8 kg	213,6 kg
Startmasse:	325,5 kg	475,4 kg
Schub:	27.500 N	27.500 N
Brennkammerdruck:	15-30 bar	15-30 bar
Entfernung beim Aufschlag im 84° Startwinkel	8,22 km	23,34 km
Gipfelhöhe:	11,9 km	34 km
Brennzeit:	15,1 s	

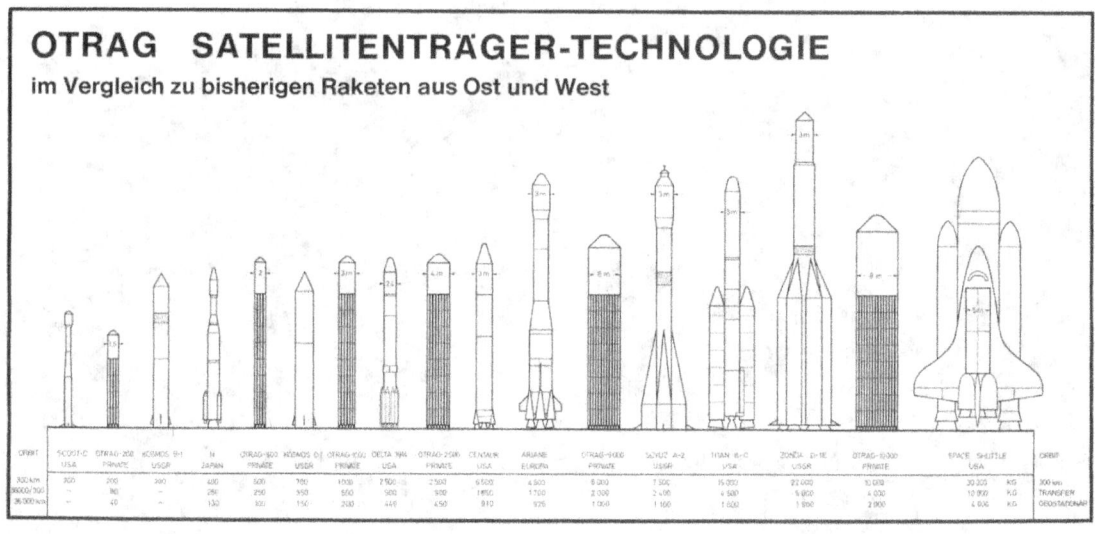

Abbildung 56: Modelle der OTRAG-Rakete im Größenvergleich mit anderen Trägern

Entwicklungsgeschichte

Das grundlegende Konzept wurde im Jahre 1971 entwickelt und bis 1974 mit 4 Millionen DM aus dem Forschungsetat des BMFT gefördert. Die damals publizierten Triebwerksteile entsprechen auch denen, die noch 1980 in der Fachliteratur auftauchten. Es gab jedoch eine Änderung in der Art der Bündelung.

Der erste Vorschlag der Technologieforschungs GmbH, sah zwar schon eine massive Triebwerksbündelung vor, jedoch noch einen gemeinsamen Tank. Jeweils 36 Triebwerke sollten an einem gemeinsamen Tank von 2,54 m Durchmesser sitzen. Der Schub eines Triebwerks sollte je nach Tanklänge bis zu 75,2 kN betragen. Der Schub wäre abhängig von der Länge gewesen, das bedeutet, dass der Druck bei längeren Treibstofftanks höher gewesen wäre.

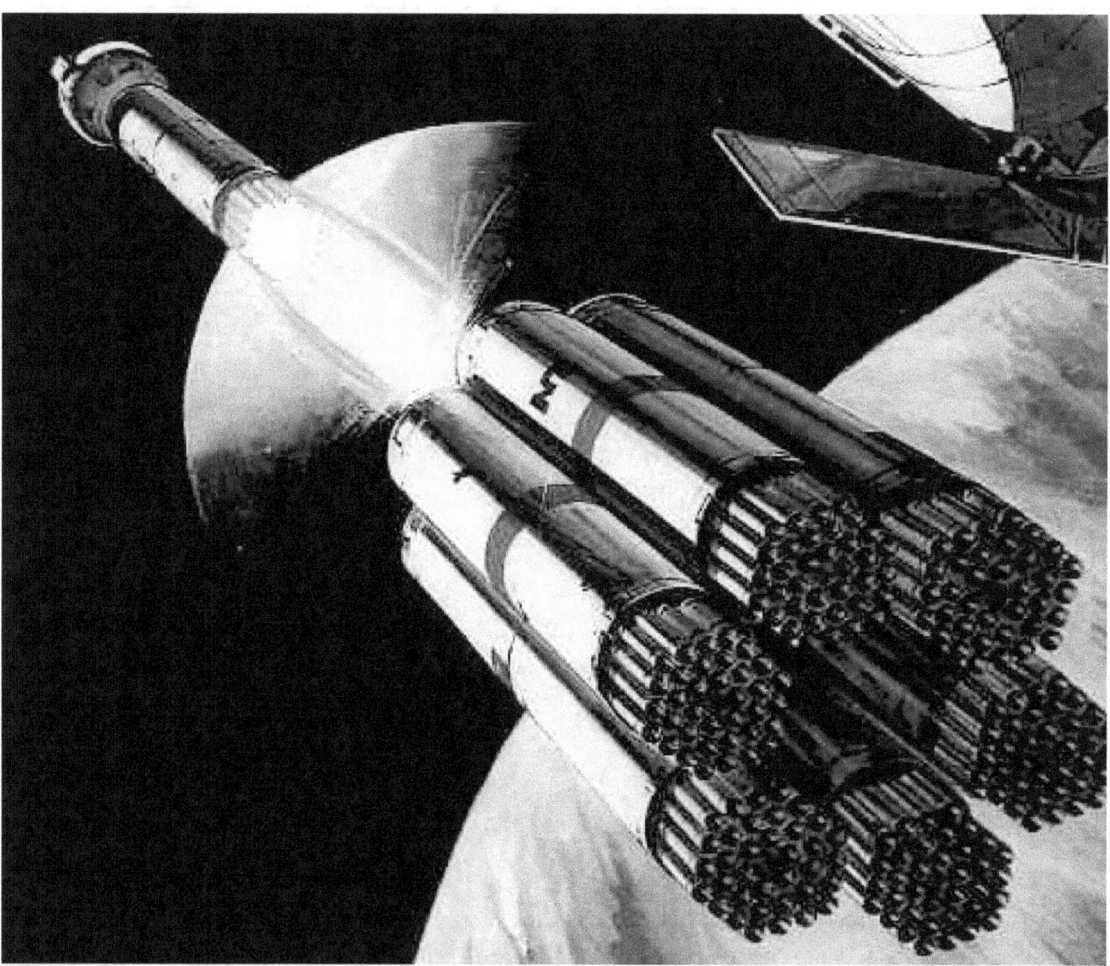

Abbildung 58: Stufentrennung beim frühen konzept mit einem, großen Tank

Die erste Stufe wäre nach diesen Planungen von 1971 etwa 24 m lang gewesen und hätte aus sechs Modulen mit je 36 Triebwerken bestanden. Die zweite Stufe wäre dann etwa 16 m lang gewesen und sollte aus ebenfalls 36 Triebwerken bestehen. Sie wäre von den 6 Modulen der ersten Stufe umgeben gewesen. Die dritte Stufe sollte anders als beim späteren Konzept der OTRAG noch auf der zweiten Stufe positioniert werden und nur 8 m lang sein, bei ebenfalls 36 Triebwerken. Hier die vom Autor aus Daten einer Zeitschrift rekonstruierte Rakete. Sie hätte eine Nutzlast von 10 t in eine 200 km hohe Kreisbahn gehabt. Die Startmasse hätte 978 t betragen.

	Stufe 1	Stufe 2	Stufe 3
Triebwerke:	6 * 36 = 216	36	36
Schub:	16.245 kN	2.008 kN	1.035 kN
Länge:	22 m	13,9 m	8,1 m
Durchmesser:	2,54 m	2,54 m	2,54 m
Startmasse (geschätzt):	831.500 kg	94.900 kg	51.100
Leermasse (geschätzt):	76.800 kg	11.900 kg	9.700 kg
Brenndauer:	113 Sekunden	112 Sekunden	112 Sekunden
spezifischer Impuls (geschätzt):	2.433 m/s	2.709 m/s	2.800 m/s

Später ist Lutz Kayser von dem Konzept eines großen Tanks abgekommen und hin zu der Verwendung einzelner Röhren als Tanks. Der Grund sei vor allem die Flexibilität, da man praktisch eine beliebige Zahl von Einheiten bündeln kann und so die Rakete der Nutzlast anpassen kann. Ein OTRAG-Mitarbeiter nannte einen anderen Grund. Da die Tanks unter hohem Druck stehen, hätten sich die Tankböden bei großem Durchmesser durchgewölbt. Damit hätte aber nicht jedes Triebwerk die gleiche Treibstoffmenge bekommen. Technisch gesehen ist natürlich ein großer Tank erheblich leichter, weil die Oberfläche kleiner ist, doch bei der OTRAG-Rakete ging es nicht um die technisch beste, sondern kommerziell beste Lösung. Es spielt noch ein anderer Gesichtspunkt eine wichtige Rolle: Wie teuer ist die Anlage für die Fertigung? Eine Anlage, die große Tanks herstellt, ist auch groß und teuer und damit steigen die Entwicklungskosten an, auch wenn vielleicht später die Herstellungskosten geringer sind.

Die DFVLR, die das Konzept begutachtete kam zu einem vernichtenden Urteil: Die Nutzlast dieser Rakete läge bei Null! Dies lag daran, dass alle Angaben der Technologieforschungs-GmbH sehr optimistisch waren. So waren die spezifischen Impulse erheblich höher als die Daten, welche die DFVLR errechnete, das benötigte Triebwerk mit 78,9 kN Startschub existierte nicht. Die Technologieforschungs-GmbH nahm an, dass es genauso viel wiegen würde, wie das 30-kN-Triebwerk das getestet wurde, während das DFVLR eine Mehrmasse von 120 kg pro Triebwerk ansetzte. Auch waren die Angaben über den Resttreibstoff sehr optimistisch. Hier kam das DFVLR auf eine um 5 t höhere Leermasse. So verwundert es nicht das ein 1975 veröffentlichter Abschlussbericht über das Konzept zu dem Urteil kam, es sei nicht umsetzbar.

Viele innovative Konzepte, die Kayser anfangs verfolgte wurden nach und nach eingestellt. So sollten die Tanks im Spiralschweißverfahren hergestellt werden. Man ging dann zu "normalen" tiefgezogenen Stahlröhren über. Auch unterschiedlich große Module, unterschiedliche Triebwerkstypen und ein Start von einem 20.000-t-Schiff aus wurden nicht weiter verfolgt (erwogen als Alternative, nachdem man aus Zaire ausgewiesen wurde). Im Laufe der Zeit wurde das Modul immer einfacher und einheitlicher.

Bei den Triebwerken gab es eine Evolution. Man blieb im wesentlichen bei der Mischung Diesel/Salpetersäure. Bei den Leistungsdaten ging es jedoch permanent bergab hin zu niedrigeren Schüben. Von den 75 kN die man 1974 ansetzte, hin zu 25 kN in den achtziger Jahren. Auch hier spielten die Entwicklungs- und Herstellungskosten eine Rolle. Je höher der Schub ist desto schwieriger ist der Einsatz des Ablationsverfahrens zur Kühlung von Brennkammer und Düse.

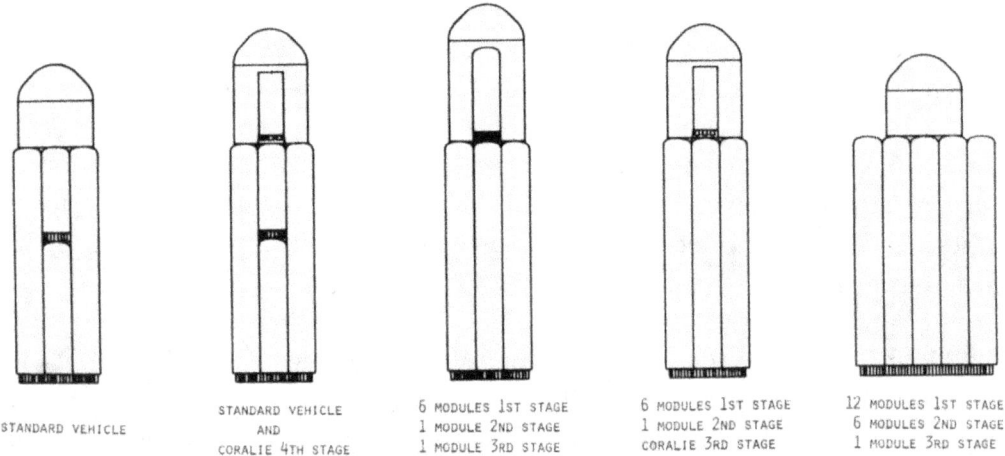

Abbildung 59: Frühes Konzept ausgearbeitet als Alternative zur Europa III

Starts der OTRAG-Rakete

Der erste Start 1m 17.5.1977 erprobte vier Triebwerke mit vier Tanks von je 3 m Länge. Dieser war erfolgreich, genauso wie der zweite Start bei Nacht. Die ersten Raketen hatten noch konventionelle aerodynamische Finnen. Abgeschnittene Tankrohre als Stabilisatoren, die beim dritten und vierten Start eingesetzt wurden, bewährten sich nicht.

Zeit (s)	Ereignis beim ersten Start
0.00	Zündungskommando
0.74	Triebwerk 2 zündet
0.76	Triebwerk 1 zündet
0.77	Abheben
0.79	Triebwerk 3 zündet
0.92	Triebwerk 4 zündet
10.39	Treibstofftank 2 leer, Brennschluss Triebwerk 1 und 2
10.49	Treibstofftank 2 leer, Brennschluss Triebwerk 3 und 4
64.98	Gipfelhöhe bei 12 km
103.04	Aufschlag in 5 km Entfernung

Abbildung 60: Künstlerische Darstellung eines Starts einer großen Version

Beim zweiten Start wurde erstmals eine 12 m lange Version eingesetzt. Hier zündeten drei Triebwerke zu spät. Das führte zu einem Flug mit einer flacheren Bahn, da auch die Triebwerke nach 20 anstatt 24 s abschalteten. Die Tanks waren zu 60% gefüllt. Eine Höhe von 9 km wurde erreicht, die Rakete schlug in 16-18 km Entfernung auf. Hier war viel Glück im Spiel, weil das zweite Triebwerk das zündete, entgegengesetzt dem ersten war, sonst bestand die Gefahr, dass die Rakete sich überschlug. Es gab auch einen Schubabfall nach 16 s, der mit strukturellen Problemen der Düse zusammenhängen soll. Auffällig am Schubdiagramm, ist das der Maximalschub erst nach 4 Sekunden erreicht wurde. So startete die Rakete auch langsam. Die ersten 200 m führte sie eine Schleppleine zur Telemetrieübermittlung mit und für diese 200 m brauchte sie 4 s. Zehn Kameras, darunter einige Hochgeschwindigkeitskameras, aber auch Messgeräte bildeten die Nutzlast. Der Flug sollte 200 s lang dauern.

Beim dritten Start versagte ein Ventil und die Rakete wich vom Start nach links ab. Bei diesem war Mobuto persönlich anwesend. Die lange Wartezeit mit unter Druck stehenden Tanks soll für diesen Fehlschlag verantwortlich sein. Der erste Start in Libyen soll nach

Abbildung 61: Dritter Start in Zaire

Auskunft eines Augenzeugen ebenfalls ein Fehlstart gewesen sein. Es gibt aber im Libyen anders als bei den Starts in Zaire keine veröffentlichten Daten mehr. Das bedeutet dass ich alle Starts von 2L-14L nur von einer Liste von Herrn Kayser dokumentiert habe. Herr Kayser wertet aber selbst den Fehlstart bei Flug 3 als 50%-Erfolg und lässt den letzten Start im Esrange in Kiruna, weg. Dieser scheiterte, was jedoch nicht an der Rakete lag. Die Rakete sollte 12 km Höhe erreichen, doch nach 12,1 s wurde eine Abdeckplatte für die Videokamera zerstört. Die hereinströmende Luft führte zu einer Zerstörung der Instrumentensektion und die veränderte Form zuerst zu einem Rollen und dann einem Neigen der Rakete durch die aerodynamischen Kräfte. Nach 13,4 s zerfiel die Rakete.

Die Zuverlässigkeit der OTRAG liegt nach diesen Angaben bei 89% (zwei Fehlstarts in 18 Flügen). Auffällig ist an der Liste zweierlei. Zum einen die hohe Startfrequenz in Libyen nach „offiziellem" Ausstieg von Kayser (erfolgte im September 1981) und zum Zweiten, das es eine Rückentwicklung gab, hin auf nur noch ein Triebwerk anstatt vier, geschweige denn, dass man mehr Module kombiniert.

Nr.	Datum	Startplatz	Tanks pro Triebwerk	Triebwerke	Ergebnis / Zweck
1Z	17.05.1977	Shaba (Zaire)	2	4	20 km Höhe
2Z	20.05.1978	Shaba (Zaire)	4	4	Nachtstart, 30 km Höhe
3Z	05.06.1978	Shaba (Zaire)	4	4	Fehlstart, Rakete weicht vom Start an ab.
1L	01.03.1981	Tawiwa (Libyen)	4	4	Fehlstart, Rakete dreht nach 21 sec.
2L	07.06.1981	Tawiwa (Libyen)	4	4	Hochbeschleunigungstest, 20% Treibstoff
3L	17.09.1981	Tawiwa (Libyen)	4	1	„Rollen um die Achse"-Test
4L	01.10.1981	Tawiwa (Libyen)	?	1	Brennen bis zum Verbrauch des Treibstoffs
5L	24.10.1981	Tawiwa (Libyen)	?	1	Verbrauch des Oxidators (rauh)
6L	19.11.1981	Tawiwa (Libyen)	?	1	Verbrauch des Dieselöls (weich)
7L	12.12.1981	Tawiwa (Libyen)	?	1	Test mit Fernsehkamera an Bord
8L	02.06.1982	Tawiwa (Libyen)	?	1	Niedrigschubtest (10 kN)
9L	24.06.1982	Tawiwa (Libyen)	?	1	Test der Selbstzerstörung
10L	02.09.1982	Tawiwa (Libyen)	?	1	Roll Kontrolltest.
11L	11.09.1982	Tawiwa (Libyen)	?	1	Stufentrennungssimulation
12L	10.11.1982	Tawiwa (Libyen)	2	1	60 Grad Start (siehe Bilderserie)
13L	16.11.1982	Tawiwa (Libyen)	?	1	Konzentrierte Salpetersäure als Oxidator.
14L	09.12.1982	Tawiwa (Libyen)	?	1	JP-4 als Treibstoff
1K	19.09.1983	Kiruna (Schweden)	1	1	Öffnung in Nutzlastsektion führt zur Zerstörung der Rakete

Woran scheiterte die OTRAG?

Die OTRAG war ein Pionier des privaten Raketenbaus und sie zeigt auch, wie man es nicht machen sollte.

Betrachten wir zuerst einmal die Konzeption. An dieser scheiden sich die Geister. Die einen halten es für genial, andere glauben, dass die Leistung nicht ausreicht, eine Nutzlast in den Orbit zu befördern. Vielleicht schauen wir uns, an was die OTRAG geleistet hat: Sie hat Raketen mit maximal vier Triebwerken und 12 m langen Tanks gestartet. Diese flogen senkrecht in den Himmel. Der einzige Test einer Schubvektorsteuerung misslang.

Nur: Bis zu einer Orbitalversion ist es von da aus ein langer Weg. Dann muss man Hunderte von Module koordinieren. Man muss die Schubrichtung steuern und man muss Stufen trennen und in der Schwerelosigkeit zünden. Eine Nutzlast muss einen gewünschten Orbit erreichen. Das ist nicht trivial: Die Triebwerke der russischen N-1 wurden einzeln erprobt und treiben heute die Antares an. Eine Stufe mit 30 dieser Triebwerke scheiterte in allen vier Testflügen.

Darüber hinaus sind die Angaben nach Ansicht von Fachleuten falsch. Das Triebwerk hatte z. B. bei den Tests am Boden einen spezifischen Impuls von 1.800 m/s. Ruppe geht von einem von 2.276 m/s im Vakuum aus. Das sind, wie ich im durch Simulation feststellte, reale Werte für ein Triebwerk dieser Konstruktion. Lutz Kayser meint, viele Triebwerke geben einen zusätzlichen Schub und damit läge der spezifische Impuls höher bei 2600 am Boden und 2900 im Vakuum. Nur: So etwas wurde bei keiner anderen Rakete, auch nicht der Sojus, bei der 20 Brennkammern simultan arbeiten, je beobachtet und es gibt auch keinen Beweis für diese Behauptung. Lutz Kayser ignoriert auch die Masse der Druckluft und das sein Triebwerk nicht nutzbare Treibstoffreste hinterlässt. Sie entstehen durch das Herunterregeln, um die Rakete zu neigen. Zudem sind die getesteten Module viel schwerer als die für eine Trägerrakete geplanten. Berücksichtigt man dies, so sinkt die Nutzlast auf weniger als ein Viertel der OTRAG-Angaben - schon kommt die Rakete in Preisregionen, in denen sie teurer als herkömmliche Träger ist.

Vor allem ist die OTRAG dadurch bekannt geworden, dass sie als Waffenschmiede von Diktatoren angesehen wurde. Nachdem die deutsche Regierung zwar das Konzept gefördert, sich aber bei Ariane beteiligt hatte, war Kayser ohne politische Unterstützung. Doch anstatt diese zu suchen, ging er auf Konfrontation. Sich mit Diktatoren einzulassen, war noch nie ein kluger Schachzug. Dass es Probleme mit den Nachbarn von Zaire geben würde, war abzusehen und das Russland dies als Propaganda nutzen würde, war auch keine Überraschung.

Dass Kayser dann zu einem Regime mit einem noch schlechteren Leumund flüchtete, war eine ziemlich große Dummheit.

Die Hersteller von US-Trägern prüften schon vor Kayser, ob sie diese nicht für kommerzielle Starts selbst starten könnte, und bekamen eine eindeutige Absage seitens der US Regierung. Sie waren schlau genug diese zu akzeptieren. Demgegenüber ging Kayser auf Konfrontationskurs und erzählte jedem Journalisten, wie er von der deutschen Bundesregierung kaputtgemacht gemacht werden soll und der KGB Killer auf ihn angesetzt habe.

Trägerraketenstarts gehen nicht ohne staatliche Unterstützung. Selbst wenn man alles selbst finanziert, braucht man das staatliche Wohlwollen, das dieses Unternehmen gut heißt. Über Exportbeschränkungen kann man leicht jedem Unternehmen den Geldhahn zudrehen. Dies gilt auch heute noch. Zwar rühmt sich die Firma SpaceX, „privat" eine Trägerrakete entwickelt zu haben. Doch 85% der Entwicklungskosten stammen von der NASA. Die Firma nutzt die Infrastruktur der beiden großen US-Weltraumbahnhöfe Cape Canaveral und Vandenberg.

Die OTRAG war eine Aktiengesellschaft, doch alle Entscheidungen fällte Kayser alleine. Wie schon im politischen Teil angedeutet gab es dabei krasse Fehlentscheidungen. Kayser war auch die Person, die in Interviews immer die OTRAG und ihr Konzept präsentierte.

Kayser neigte dazu, alles zu groß zu dimensionieren. Die OTRAG hatte nie mehr als 40 Mitarbeiter, doch eine Tochtergesellschaft OTRAS für den Transport und Niederlassungen in Frankreich und Zaire. Das Firmengelände, das man ab 1980 bezog, war so groß, dass sich die wenigen Mitarbeiter verloren. Bei einer Pressepräsentation buchte er den Bayrischen Hof und fuhr im Rolls-Royce mit Chauffeur vor. Ein Reporter, der ihn über einige Wochen begleitete berichtete von einem Privatflieger, Villa mit ausgedehntem Gelände auf Sardinien und einem eigenen Rennboot. Als er ESTEC besuchte, kam er im Privatjet gekleidet in einen Wolfsfellmantel und wollte das Piano im Hotel kaufen. Obwohl er selbst von einem Finanzbedarf sprach, der um ein Vielfaches höher als die Einlagen war, scheint er nie mit dem Geld gewirtschaftet zu haben. Als die OTRAG 1976 Deutschland verließ, hatte sie abgeschlossene Tests der Module. Nun hätte Sie den Tests immer größerer Raketen angehen müssen. Stattdessen hat sie in den folgenden sieben Jahren praktisch nur diese schon im statischen Test geprüften Module Flugtests überprüft, dabei aber nicht nur das Kapital verbraucht, sondern Schulden in Höhe von 500 Millionen DM angehäuft. Wie man so eine Rakete entwickeln soll, wenn man mit weniger 45 Personen für das wenige das erreicht wurde, fast die Hälfte der Ariane 1 Entwicklungskosten ausgibt (und an Ariane arbeiteten mehrere Tausend Personen) ist mir ein Rätsel. Auch der Personalbestand der OTRAG scheint nicht gewachsen zu sein. Wie sollte sie aber mit diesem die größeren Träger starten?

Abbildung 62: Ballistischer Teststart der ersten Neptun mit OTRAG Technologie von Orbital

Vieles spricht dafür, dass es Kayser nur um darum ging, Geld mit seinem Konzept zu verdienen, woher das kam, war ihm weitgehend egal. Dafür spricht der geringe Fortschritt, die Geldverschwendung und das es ihm egal war, woher das Geld kam: ob von einem afrikanischen Diktator, einem Putschisten oder nun von Firmen in den USA. Dafür spricht auch ein Zitat aus dem Jahre 2007 von Kayser: „In den USA", sagt er, „gibt es neuerdings viel Interesse für private Raketenentwicklungen." und so wechselte er eben in die USA, was Frank Wukasch sehr verwunderte, empfand er nach doch die US-Behörden als seine Feinde.

Diskussion

Auf dem Papier hat das OTRAG-Konzept einige Vorteile:

Die massive Bündelung führt zu einer hohen Produktionsrate und damit geringeren Herstellungskosten pro Stück. Da die gesamte Konstruktion sehr einfach ist, kann auch rationell produziert werden. Zum Teil wurden auch Technologien aus anderen Bereichen einbezogen, sodass man sich auf schon preiswert in Serie gefertigte Teile stützen konnte. Dieser Einsatz sollte zwanzig Jahre später unter der Bezeichnung „commerical on the Shelf", abgekürzt COTS eine Renaissance erleben. Bei den Tanks sprach die OTRAG zum Beispiel von einer Reduktion der Herstellungskosten um 95% bei Personalkostenanteilen von 20% anstatt den sonst üblichen 80%. Zudem braucht man nur ein Triebwerk für eine Trägerrakete, die einen sehr breiten Nutzlastbereich abdeckt. Theoretisch wäre die OTRAG mit Sicherheit der günstigste und skalierbarste Träger, der jemals entwickelt wurde.

Ein weiterer Vorteil betrifft den für die Nutzlast verfügbaren Raum. Bei der OTRAG-Rakete wird die Nutzlastverkleidung automatisch breiter, wenn man mehr Module verwendet, da die Rakete immer gleich hoch bleibt, aber der Durchmesser der Rakete zunimmt. In der Praxis würde man wahrscheinlich eine Reihe von Standardtypen anbieten.

Als Nachteil ist der Luftwiderstand bei dieser Rakete größer als bei anderen Typen. Dies ist auch ein Grund, warum die Startbeschleunigung der OTRAG so hoch war, damit sie möglichst schnell die dichten Schichten der unteren Atmosphäre passiert.

Auch wenn es nach Aussage Kaysers über 6.000 Versuche der Triebwerke im Prüfstand gab, ist es doch etwas völlig anderes eine Rakete zu starten, insbesondere wenn man bisheer nur einzelne Triebwerke getestet hat und nun 500 auf einmal gezündet werden. An dem Konzept gab es schon in den siebziger Jahren starke Kritik. Mit dem technischen Konzept beschäftigte sich Prof. Ruppe, Mitarbeiter Wernhers von Braun und Inhaber des Lehrstuhls Raumfahrttechnik an der TU-München. Er kam zu dem Schluss, dass zum einen die Angaben der OTRAG zu optimistisch sind und es fraglich ist, ob das Konzept technisch umsetzbar ist. Andere Fachleute bemängelten zahlreiche "weisse Flecken" im Konzept, sprich völlig ungelöste Teilaspekte des Trägers. An dieser Stelle einige persönliche Überlegungen, was an dieser Rakete kritisch zu beurteilen ist.

Alle Tests welche die OTRAG gemacht hat fanden mit relativ kurzen Modulen (6 oder 12 m Länge) statt. Die aufgrund ihrer kürzeren Länge nicht ganz so empfindlich reagieren. Zu berücksichtigen ist weiterhin, dass die Tanks sehr dünnwandig sind und daher ein Bruch leichter möglich ist. Kayser selbst räumt ein, dass die Konstruktion von langen Stufen (18,

24 m) nur möglich ist durch das Bündeln vieler Triebwerke. Sonst wäre die Konstruktion nicht steif genug. Andererseits ist die Rakete völlig anders aufgebaut als andere Typen und wird immer breiter je mehr Module es gibt. Dies kann auch Auswirkungen haben. Wahrscheinlich wird es bei der OTRAG-Rakete so wie bei anderen Raketen sein: Erst die Flüge zeigen, wie sich die Rakete verhält.

Bei den Tests des DFVLR war das Triebwerk sehr empfänglich für hochfrequente Schwingungen, wenn der Injektor der OTRAG verwendete wurde. Bei einem normalen Injektor der DFLVR und nicht hypergolem Vorlauf gab es keine Schwingungen. Ob diese gelöst wurden, ist offen. Ebenso gab es bei starke Schubschwankungen bei in der Größenordnung von 5% des Schubs, die bei Brennschluss anstiegen. Diese wirken sich natürlich auch auf die Vibrationen aus und die Lenkbarkeit der Rakete wird beeinträchtigt.

Es ist ein Irrtum zu glauben ein Triebwerk, welches man ausgiebig am Boden getestet hat, wäre damit auch automatisch flugqualifiziert. Das hat die europäische Raumfahrt bitterlich beim Erststart der Ariane 5 ECA erlebt, als das Vulcain 2 Triebwerk im Flug den Belastungen nicht standhielt, obgleich es am Boden ausgiebig vorher getestet wurde.

Noch komplexer ist das Bündeln von Triebwerken. Jedes Triebwerk beeinflusst das andere. Es überträgt Schwingungen, es gibt Wärme ab, es belastet die Struktur. Das wohl bekannteste Beispiel für die Folgen ist die russische Mondrakete N-1. Ihre Triebwerke wurden intensiv am Boden getestet und galten als flugqualifiziert. Die Erststufe mit 30 Triebwerken wurde nicht als Ganzes getestet, weil man die Kosten für einen Teststand der den enormen Schubkräften von 46.000 kN standhält, einspare. Dies rächte sich. Alle vier Starts der N-1 scheiterten an Problemen mit dem Block A mit 30 Triebwerken.

Die OTRAG-Rakete steht vor demselben Problem: Nur sind es hier bis zu 500 Triebwerke, die auf einmal gezündet werden. Anders als bei anderen Raketen ist es auch nicht möglich, die Triebwerke vor dem Start zu testen: Nach einem Probelauf ist die Ablationsschicht weggeschmolzen und das Triebwerk Schrott. Wahrscheinlich könnte sich die OTRAG auch einen entsprechend leistungsfähigen Teststand nicht leisten. (500 Triebwerke würden einen Startschub von bis zu 17.500 kN ergeben, 15-mal mehr als ein Teststand für das Vulcain Triebwerk der Ariane 5 an Last aufnehmen muss).

Ein weiterer Punkt betrifft die Folgen eines Triebwerksausfalls. Bei den Versuchen bei der DFVLR bis 1974 gab es drei Ausfälle bei 200 Versuchen. Drei Ausfälle bei 200 Versuchen ist eine in der Raketentechnik übliche Größe. Zuerst scheint es, ist ein Triebwerksaufall bei einer Rakete mit so vielen Triebwerken unkritisch. Betrachtet man nur den Schubverlust, so gilt dies auch uneingeschränkt. Was man jedoch nicht vergessen sollte: Da jeweils ein

Triebwerk an einem Tank hängt, verbleibt bei vorzeitiger Abschaltung noch Treibstoff, der nicht genutzt wird und so verändert sich das Voll/Leermasseverhältnis. Zudem verändert sich der Schwerpunkt.

Bei anderen Raketen mit mehreren Triebwerken kann man den Ausfall eines Triebwerks auffangen, indem man die anderen länger brennen lässt. Dies geschah zum Beispiel bei der Mission von Apollo 13, als eines der Triebwerke der zweiten Stufe ausfiel. Diese Möglichkeit hat die OTRAG-Rakete nicht. Für die Version mit 256 Triebwerken habe ich mal die Wahrscheinlichkeit und die Folgen eines Triebwerkausfalls bei einer Zuverlässigkeit von 99% ausgerechnet (Ein Ausfall bei 100 Zündungen). Die Änderung der Leermasse gilt für das "Worst Case" Szenario, dass das Triebwerk gleich nach der Zündung ausfällt:

Stufe	Anzahl Triebwerke	Wahrscheinlichkeit für einen Ausfall	Änderung der Leermasse	Geschwindigkeitsänderung	Verlust an Nutzlast
1	192	85,5%	4,7%	-27 m/s	-75 kg
2	48	38,3%	18,8%	-97 m/s	-260 kg
3	16	14,8%	56,3%	-497 m/s	-1.350 kg

Obgleich der Ausfall eines Triebwerks in der ersten Stufe relativ wahrscheinlich ist und praktisch bei jeder Mission auftreten sollte, sind die Auswirkungen noch abzufangen. Ein Polster von 100 m/s ist dagegen heute bei Raketen eher die Ausnahme und ein Polster von fast 500 m/s entspricht einer Reduktion der Nutzlast um ein Drittel. Das bedeutet, dass die OTRAG-Rakete entweder mit einem sehr großen Sicherheitspolster starten muss, oder jeder sechste Start geht statistisch schief. Bei einer Zuverlässigkeit von 99% müsste man zumindest bei den ersten beiden Stufen auch die Wahrscheinlichkeit von zwei Triebwerksausfällen untersuchen. In dieser Rechnung ist noch nicht einmal berücksichtigt, dass man bei Ausfall eines Triebwerks das gegenüberliegende abschalten will, um die Schubsymmetrie aufrechtzuerhalten. Macht man dies, so verdoppeln sich die Auswirkungen.

Als Summe kann man vereinfacht sagen, dass die OTRAG-Rakete mit hundertmal mehr Triebwerken als eine „normale Rakete" auch hundertfach höhere Anforderungen an die Zuverlässigkeit stellt. Lutz Kayser ist sich sicher, dass das Triebwerk so zuverlässig ist.

Schon die bei der Steuerung entstehenden Treibstoffreste sind immens. Jede Rakete muss nach dem Start von der Horizontalen in die Vertikalen umgelenkt werden. Bei der OTRAG macht man dies, indem man die Triebwerke an einer Seite auf 40% Schub herunterfährt. Es verbleiben dann Treibstoffreste. Diese sind relativ groß: Nimmt man an, dass die OTRAG-Rakete dieselbe Endgeschwindigkeit wie einer Ariane erreichen muss, so kann man rückrechnen, dass die erste Stufe noch über etwa 5.000 kg Resttreibstoff bei der Stufentrennung verfügen müsste.

Was die OTRAG nie erreichte, war der komplette Test eines Trägers. Im Prinzip hat man eine Höhenrakete entwickelt - aber keine Trägerrakete. Die Regelung des Schubvektors, die Abschaltung von Triebwerken bei Ausfällen, die gesamte Regelung von über hundert Triebwerken, die Stufentrennung und die gesamte Steuerung. Das alles wurde nie erprobt. Nicht umsonst setzte Lutz Kayser den Finanzaufwand für die Entwicklung einer Trägerrakete mit weiteren 500 Millionen DM an. Es ist zu erwarten, dass es hier noch einige Rückschläge geben würde.

Bei anderen Raketen ist es ein großer Schritt von einem Triebwerk zu einer zuverlässigen Rakete. Es gibt selbst heute im Zeitalter von Computersimulationen und bei Firmen mit Jahrzehnten Erfahrung noch Rückschläge, wie zum Beispiel bei der Delta III die nach zwei Fehlschlägen und einem teilweise gelungenen Demonstrationsstart eingestellt wurde. Heute geht der Trend dazu, weniger Triebwerke einzusetzen. Ariane 5 besitzt nur noch vier Triebwerke anstatt bis zu zehn in der Ariane 4. Dies hat auch den Grund die Fehlermöglichkeiten zu verringern.

SpaceX setzte als Newcomer wieder neun Triebwerke in der ersten Stufe ein und verlor bei einem Start, als ein Triebwerk ausfiel, die Sekundärnutzlast, weil die Performance nicht mehr ausreichte, um den Orbit anzuheben. Auch die primäre Nutzlast erreichte einen zu niedrigen Orbit. In der Folge reduzierte die Firma ihre Nutzlastangaben für die Rakete um 12%, um Reserven für den Schubabfall zu haben.

Ruppe führt auch an, das das modulare Konzept nicht frei skalierbar ist. Es gibt geometrische Randbedingungen einzuhalten, die praktisch dazu führen, dass die einzelnen Raketen immer die doppelte Nutzlast der Vorgängerversion haben. Erweitert man eine Rakete um Module links oder rechts, so steigert dies nur das Verhältnis der Masse von Erststufe zu Zweitstufe. Das ist jedoch für die Nutzlast nicht so wichtig. Der Preis der Rakete steigt an, aber die Nutzlast kaum. Zwischengrößen sind nur durch teilweise Betankung möglich, was einer gezielten Verschlechterung der Rakete entspricht. Da der Treibstoff das billigte an der Rakete ist, ist dies nicht sinnvoll.

Die Steuerung der OTRAG-Rakete erfolgte wie geschrieben durch Drosseln eines Triebwerks. Es ist daher nicht möglich den Schub beliebig fein zu regeln, sondern nur in festen Stufen. Herkömmliche Triebwerke schwenken dagegen ihre Triebwerke und können so die Schubrichtung feiner beeinflussen. Sofern man sehr viele Triebwerke hat, ist dies unwichtig. Wenn bei einer 128 Module Rakete ein Triebwerk auf 40% heruntergeregelt wird, so beeinflusst dies den Schub in der ersten Stufe um weniger als 1%. Je kleiner die Stufen aber werden, desto größer ist die Auswirkung. Für vier Module macht die Schubregelung schon 15% des Gesamtschubs aus. Als beim dritten Test in Zaire ein Ventil in der 40% Stellung hängen blieb, drehte sich die Rakete vom Start weg sofort zur Seite, wie man auf der Fotosequenz sieht.

Diese Vorgehensweise ist also nur für große Raketen sinnvoll. Aber selbst Oberstufen müssen ihren Kurs ändern können. Es erscheint also nicht praktikabel für Oberstufen oder kleinere Raketen. Es gibt noch ein zweites Problem: Durch die langen nur teilweise gefüllten Rohre ist der Schwerpunkt der Rakete sehr ungünstig. Beim ersten Start in Libyen war der Nutzlastteil zu schwer und die Rakete neigte sich nach 20 s, als ein Teil des Treibstoffs verbraucht war, zur Seite und schlug auf dem Boden auf. Dieses Problem dürfte auch bei den Oberstufen auftreten, die eine schwere Nutzlast transportieren müssen. Ein Kaltgassystem, welches die Regelung um die Rollachse übernehmen sollte, wurde nie getestet. Durch den hohen Druck der Treibstoffe reagieren die Motoren träge, für eine breite Rakete, die ja viel empfindlicher gegenüber Störkräften ist, wahrscheinlich zu langsam. Professor Ruppe zeigte in einer Untersuchung, dass die Motoren wegen des hohen Drucks sehr träge reagieren. Er hielt aufgrund dieser Eigenschaft die Rakete für nicht steuerbar, weil man nicht schnell genug reagieren könnte. Erst nach 1 s würde eine Reaktion eintreten. Lutz Kayser erklärte, dass man beim Fehlstart am 5.6.1978 auch der Elektromotor zu schwach war (100 W Leistung) und man mindestens einen 150-W-Motor brauchte. Alle folgenden Starts machten von der Möglichkeit den Schubvektor zu steuern keinen Gebrauch. Damit ist die Steuerung niemals erfolgreich getestet worden.

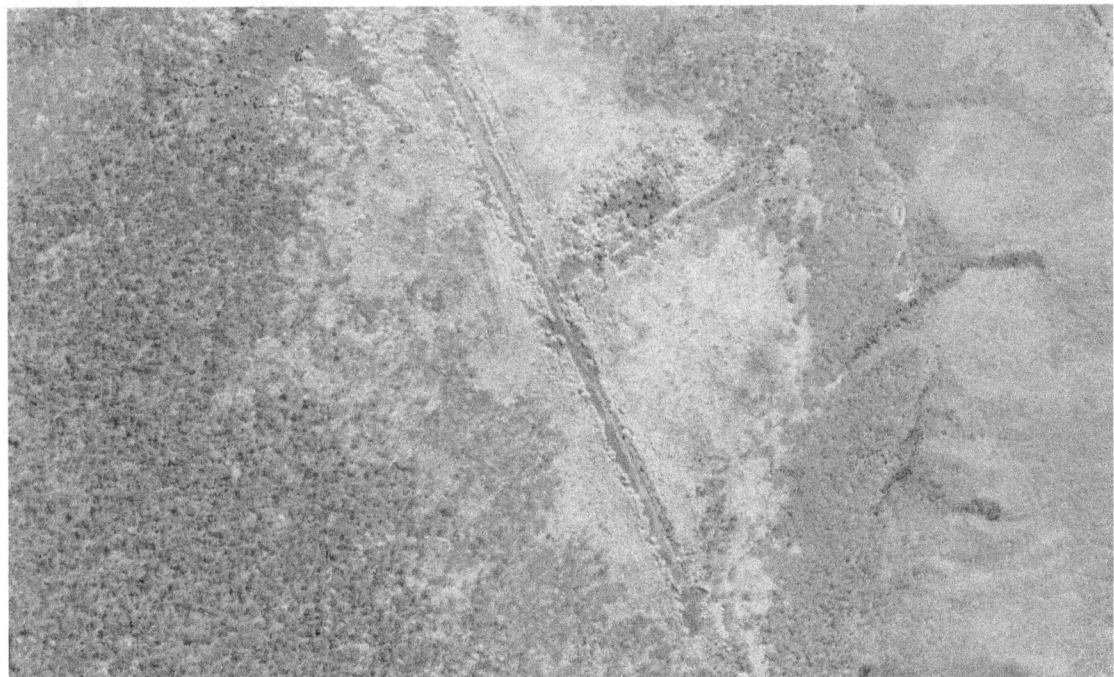

Abbildung 63: Das ist heute noch übrig von der OTRAG: Die Landebahn und der Startplatz im Satellitenbild © des Bildes: Google Earth

Anmerkungen zu den Daten

Der Autor hat keine technischen Beschreibungen der Rakete, aus der Zeit als sie gebaut wurde. Berichte erschienen vor allem in populären Magazinen und enthalten sehr wenige technische Details. Im August 2005 hat mich Lutz Kayser persönlich kontaktiert und mir Daten per E-Mail zukommen lassen. Diese sind aber viel besser, als man sie für eine derart massive Konstruktion erwarten könnte. Sie passen auch nicht zu wenigen bekannten Daten. Es gibt auch einige Widersprüche, die ich im Folgenden erläutern werde.

Planungsdaten	24 m	18 m	12 m
Treibstoff	1.350 kg	1012,5 kg	675 kg
Tanks	93,2 kg	69,4 kg	45,6 kg
Triebwerk	65 kg	65 kg	65 kg
Startmasse	1.508 kg	1.147 kg	790,6 kg
Leermasse	158 kg	134,4 kg	110,6 kg
Leermasse%	10,5%	11,7% / 15%	14% / 18%
Brennzeit:	120 s		
Spezifischer Impuls Meereshöhe:	2.648 m/s	2.648 m/s	2.648 m/s
Spezifischer Impuls Vakuum:	2.913 m/s	2.913 m/s	2.913 m/s
Schub (Mittel)	20 kN		

Bedenkt man, dass die Tanks ein extrem ungünstiges Volumen/Oberfläche Verhältnis aufweisen und zudem nur teilweise befüllt wurden, so sind die Strukturmassen sehr optimistisch. Bei einer Orbitalversion müssten die umliegenden Module als zusätzliche Last die inneren Stufen tragen, das ist eine zusätzliche Kraft, die noch dazu einseitig wirkt, nämlich an der Innenseite jedes Moduls. Erhöht man aber die Tankstärke auf 1 mm, wie es in einem Bericht von 1979 stand, so steigt die Leermasse eines 24-m-Moduls von 158 kg auf 251 kg und man erhält den in früheren Veröffentlichungen angegebenen Leermasseanteil von 15%. Ein in Libyen getestetes Modul mit nur 6 m Länge wies schon eine Leermasse von 185 kg auf, leider ist nicht bekannt, wie viel davon auf die Nutzlast entfiel.

Im Jahre 1979 veröffentlichte Harry O. Ruppe in seinem Buch "Die grenzenlose Dimension" Band 1 ganz andere Daten: Ein Vierer Modul von 24 m Länge sollte folgende Daten besitzen:

Größe	Otrag	Ruppe
Treibstoff	1.350 kg	1.176 kg
Druckgas		28 kg
Treibstoffreste		11 kg
Gesamt Flüssigkeiten und Gase	1.350 kg	1.215 kg
Startmasse	1.508 kg	1.361 kg
Leermasse	158 kg	197 kg
Spezifischer Impuls	2.648 m/s	2.276 m/s

Die OTRAG lässt Treibstoffreste und Druckgas unter den Tisch fallen. In der Tat wiegt die Druckluft in einem 24-m-Modul (bei einer $^2/_3$ Betankung) bei einem Druck von 40 bar etwa 22 kg. Treibstoffreste, die nicht genutzt werden können, gibt es in einer Größenordnung von 1% bei jeder Rakete. Sie müssen bei der Leermasse berücksichtigt werden.

Zwar bläst das Druckgas den restlichen Treibstoff aus und erzeugt so einen geringen Schub (anfangs 270 N, in 13 Sekunden auf 135 N abfallend). Doch ist dieser nutzbar? Sobald der Schub abfällt, beginnt sich der Furanol mit dem Kerosin zu vermischen und die nächste Stufe kann nicht mehr gezündet werden. Eine Stufentrennung muss also erfolgen, solange der Schub noch nicht absinkt, kurz vor Brennschluss der äußeren Stufen.

Kayser gibt einen spezifischen Impuls von 2.648 m/s am Boden und 2.913 m/s im Vakuum an. Diese Werte wären für diese Treibstoffkombination ein Rekord. Wenn ein Modul wie angegeben eine Treibstoffmasse von 1350 kg und einen Schub von 25 kN, linear abnehmend auf 15 kN hat, bei einer Brennzeit von 120 s, dann erhält man einen spezifischen Impuls von 1.778 m/s. Auf dieselben Werte kommt man, wenn man die veröffentlichten Daten über Höhen und Nutzlasten von OTRAG Testschüssen zurückrechnet. Zwei ehemalige OTRAG-Mitarbeiter bestätigten mir übereinstimmend, dass der Wert korrekt sei und ein spezifischer Impuls von 1.800 m/s gemessen wurde.

Harry O. Ruppe schreibt in seinem Buch "Die grenzenlose Dimension" von einem recht niedrigen Expansionsverhältnis von 6 und einem spezifischen Impuls von 2.286 m/s. Auch er bemängelt, dass die OTRAG-Angaben um 12% höher als berechnete Werte seien, weil "... Herr Kayser meint, viele Parallelstrahlen eine Düsenwirkung aufbauen. Das scheint mir nur sehr begrenzt zuzutreffen". Das DFVLR bei dem Kayser bis 1976 die Triebwerke testete, hat auch die Performance untersucht. Nach deren Daten gibt es neben den offensichtlichen Einschränkungen (Treibstoff mit geringem Energiegehalt, geringes Expansionsverhältnis) noch den Effekt des absinkenden Brennkammerdrucks. Zusammen mit anderen Verlusten kam das DFVLR auf Effizienzverluste je nach Größe der Düse zwischen 12,06 und 13,56%. Das ist ein sehr hoher Wert. Übliche Raketentriebwerke erreichen eine Effizienz von 97 bis

99%, also Verluste von 1-3%. Zu diesem Zeitpunkt waren die Angaben der Technologieforschungs GmbH auch weitaus weniger optimistisch als später, obwohl es keine wesentlichen Änderungen in den Triebwerken gab:

Performanceparameter (1975)	Technologieforschung	DFVLR
Spezifischer Impuls Meereshöhe erste Stufe	2.125 m/s	1.875 m/s
Spezifischer Impuls Vakuum erste Stufe	2.439 m/s	2.181 m/s
Spezifischer Impuls Mittel erste Stufe		2.120 m/s
Spezifischer Impuls Vakuum zweite Stufe	2.601 m/s	2.334 m/s
Spezifischer Impuls Vakuum dritte Stufe	2.711 m/s	2.450 m/s

Der spezifische Impuls ist eine Maßeinheit, wie viel Energie aus einem Treibstoff herausgeholt werden kann. Je kleiner er ist, desto kleiner die Nutzlast.

Dabei liegt der schwarze Peter nicht so sehr an der Treibstoffmischung. Sie ist zwar der Kombination Hydrazin/Stickstofftetroxid unterlegen. Doch liegt sie in dem Bereich, den auch feste Treibstoffe erreichen. Zudem ist ja nicht gesagt, dass die OTRAG bei dieser Treibstoffkombination bleiben muss. Es spräche technisch nichts dagegen, auf Hydrazin und Stickstofftetroxid umzusteigen. Das man damals die Kombination gewählt hat, lag an dem hohen Preis dieser Treibstoffe.

Das Problem ist die Düse, die wegen der Konstruktion niemals breiter als die Brennkammer sein kann. Das Expansionsverhältnis ist niedrig, das bedeutet, dass die Gase das Triebwerk noch mit einem relativ hohen Druck verlassen und damit verschwendet man viel Energie. Da der Düsenhalsdurchmesser variabel ist, erscheint es zumindest für die Oberstufen möglich diesen zur verkleinern und damit den spezifischen Impuls auf Kosten des Schubs zu steigern. Bei der Entwicklung bei Interorbital hat man schubstärkere Triebwerke verwendet, die jeweils vier Tanks nutzen. So kann man die Düse vergrößern. Vielleicht werden so die gewünschten Werte erreicht.

Bei den Versuchsflügen wurde ein spezifischer Impuls von 1.800 m/s gemessen. Nimmt man diesen für die Erste und 2.100-2.200 m/s für die oberen Stufen an, so reduziert sich die Nutzlast beträchtlich. Eine vierstufige Version ist nötig um einen Orbit zu erreichen. Selbst diese läge aber nur bei etwa einem Fünftel der Angaben von Lutz Kayser. Für die 256 Modul Version errechne ich eine Nutzlast von maximal 800 kg anstatt 4.000 kg.

Harry O. Ruppe hat auch die OTRAG-Rakete mit realistischen Angaben durchgerechnet und kommt auf 2.900 kg anstatt 10.000 kg bei der großen Version. Prof. Ruppe geht von einem maximalen spezifischen Impuls von 2.286 m/s aus. Dies passt auch zu meinen Berechnungen.

Durch die Größe des Graphitringes (als Düsenhals) soll der Schub geregelt werden. Klar ist: größere Düsenhalsfläche - mehr Schub. Aber: Die Fördermenge ist immer gleich und der Förderdruck ebenfalls. Dadurch sinkt die Strahlgeschwindigkeit in gleicher Weise. Das 24-m-Modul muss aber mehr Schub aufweisen als ein 12-m-Modul, weil es schwerer ist. Das verschlechtert den spezifischen Impuls weiter. Am deutlichsten ist dies beim Schubbeiwert zu sehen: Dieser liegt bei einem Ring mit 10 cm Durchmesser bei 1,27, schlechter als bei jeder anderen Rakete (übliche Werte 1,4 – 1,9) und schon nahe bei dem einer Feuerwerksrakete (1,0 = keine Düse).

Aufgrund dieser Einschränkungen spricht vieles dafür, dass die OTRAG-Rakete wohl nie erfolgreich einen Satelliten starten kann. Kayser sieht dies anders: "Es geht um eine komplett privat finanzierte Mondmission ... das deutsche Raketenteam lebt wieder", schreibt er auf der Webseite von Interorbital.

Das Typblatt enthält eine mittelgroße Version. Die technischen Werte entsprechen den optimistischen Angaben der OTRAG.

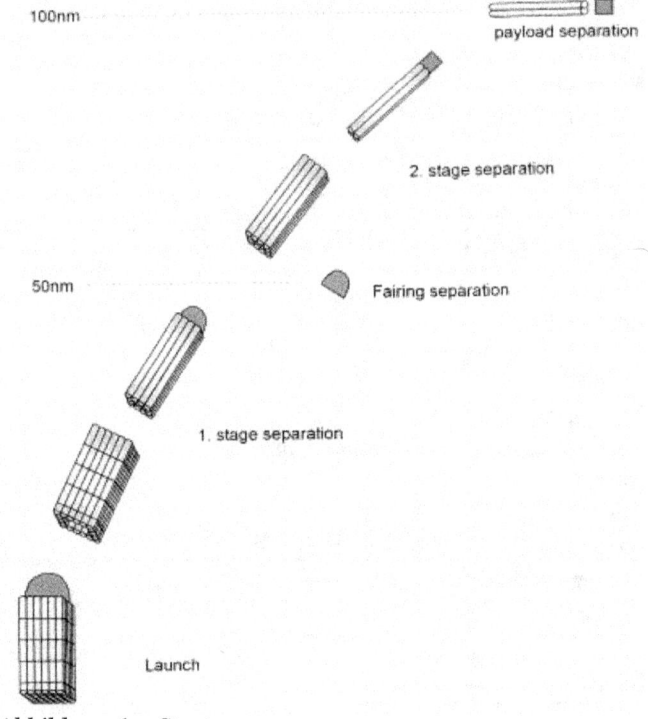

Abbildung 64: Startsequenz

Typenblatt OTRAG Rakete „PAK-512"

Länge:	33,20 m (ohne Nutzlastspitze)
maximaler Durchmesser:	9,600 m
Startgewicht:	786.500 kg
Einsatzzeitraum:	1977 - 1987
Starts:	21
Fehlstarts:	3
Zuverlässigkeit:	85,7%
Nutzlast:	8.000 kg (in einen 200 km hohen äquatorialen Orbit)

Stufe 1: 384 Module

Länge:	25,00 m
Durchmesser:	9,60 × 4,80 m
Startgewicht:	581.760 kg
Leergewicht:	63.360 kg
Triebwerk:	384 Module
Schub:	13.440 kN (Start), 5.760 kN (Brennschluss)
Brenndauer:	150 s
Treibstoff:	Salpetersäure / Dieselöl
Spezifischer Impuls:	2.276 m/s (Meereshöhe), 2.913 m/s (Vakuum)

Stufe 2: 96 Module

Länge:	25,00 m
Durchmesser:	4,80 × 2,40 m
Startgewicht:	145.440 kg
Trockengewicht:	15.840 kg
Triebwerk:	96 Module
Schub:	3.660 kN (Start), 1.440 kN (Brennschluss)
Brenndauer:	150 s
Treibstoff:	Salpetersäure / Dieselöl
Spezifischer Impuls:	2.276 m/s (Meereshöhe), 2.913 m/s (Vakuum)

Stufe 3: 32 Module

Länge:	25,00 m
Durchmesser:	2,40 × 1,20 m
Startgewicht:	48.480 kg
Leergewicht:	5.280 kg
Triebwerke:	32 Module
Schub:	1.220 kN (Start), 480 kN (Brennschluss)
Brenndauer:	150 s
Treibstoff:	Salpetersäure / Dieselöl
Spezifischer Impuls:	2.276 m/s (Meereshöhe), 2.913 m/s (Vakuum)

Nutzlasthülle

Länge:	8,20 m
maximaler Durchmesser:	9,60 m
Gewicht:	2.500 kg

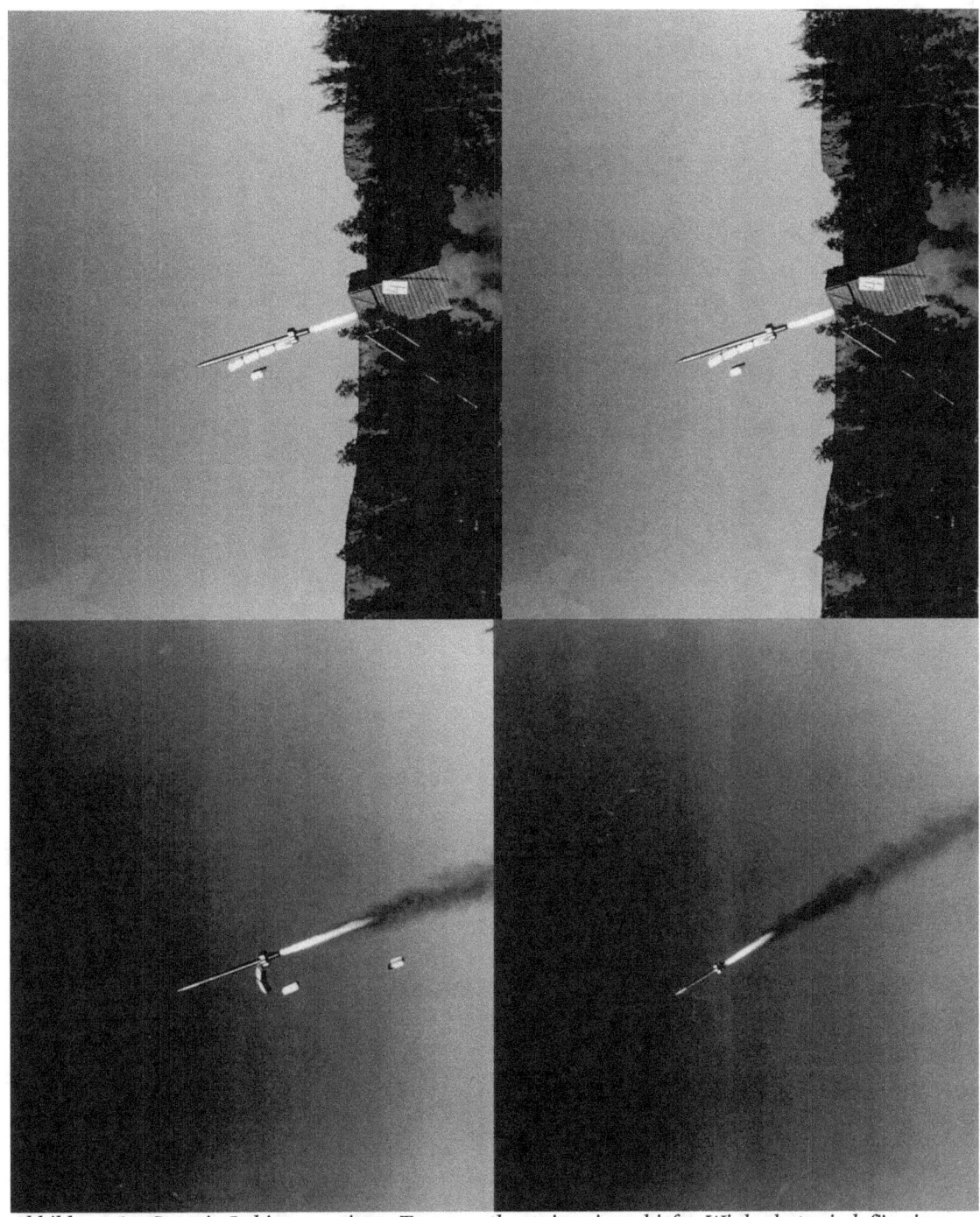
Abbildung 65: Start in Lybien aus einem Transportkontainer im schiefen Winkrel - typisch für eine militärisch genutzte Rakete

Quellen und Referenzen

Lutz Thilo Kayser, E-Mail, Fotos
Christoph Gleich, Telefonat, E-Mail
Frank K. Wukasch, Telefonat
Stuttgarter Zeitung Nr. 185/78
P.M. 7/81 "Auch so kann man Raketen bauen" S. 12-18
Harry O. Ruppe "Die grenzenlose Dimension" Band 1+2, Econ Verlag 1979/80
Hobby 17/1974 S.13-18, 88-89, Richard Höhn "Deutschland revolutioniert den Raketenbau"
FAZ Nr. 120/1977, K. Rudzinski "Muss Raumflug teuer sein ?"
FAZ Nr. 261/1977, 9.11.1977 S. 31 K. Rudzinski "Der Raumtransport braucht ein billiges Arbeitspferd"
FAZ Nr. 140/1978, 5.7.1978 S. 25, K. Rudzinski "Die Billigrakete - Technik, Wirtschaft und Politk"
Aviation Week & Space Technologie 12.9.1977, Robert R. Ropelewski "Low Cost Launcher developed by Germans"
Aviation Week & Space Technologie Dezember 1980 Eugene Kozicharow "OTRAG locates Rcoket Testing on Libyan Site" S. 18-20
Aviation Week & Space Technology, "OTRAG Ends Libyan Launch Work", 14.12.1981
Aviation Week & Space Technologie 4.10.1982
Theo Pirard, German Rockets in Afrika, the explosive Heritage of Peenemunde, IAA.96 Votrag
Spiegel 27/1978, "Deutsche entwickeln in Afrika Raketen"
Popular Science 3/1978 S. 26-32 "Bargain basement rocket"
Reason 7/1978, Robert Poole "Rockets in Africa - African Deception"
Charles Kallu Kalamiya, "Rape of Sovereignty: OTRAG in Zaïre", Review of African Political Economy - Vol. 6 No. 14
Neue Züricher Zeitung 10.10.1978
Shechaba, Vol 12, "OTRAG: Implications and repercussions"
Africa Nr. 76, Dezember 1977 "Space Technologie and Africa"
Trans Atlantik 10/1980 S. 44-55, Gaston Salvatore: "Das OTRAG Dossier"
Technologie Forschungs GmbH Endbericht TF-021-EB 74: Experimentalprogramm zur Untersuchung eines Antriebsystems mit Druckförderung und Vielfachbündelung: Phase II
Technologie Forschungs GmbH: Die Durchführbarkeit eines wirtschaftlichen orbitalen Trägers, Abschlussbericht 1971
Arbeitsgemeinschaft für Raketentechnik und Raumfahrt an der Universität Stuttgart (AGRR), Stuttgart (de): Berechnung, Konstruktion und Entwicklung eines radial kavitierenden Steuerventils, 1968
Lutz T. Kayser: Eine radiale membrangetrennte Einspritzmethode für Flüssigkeitraketen-

triebwerke mit variablem Schub und/oder variablem Mischungsverhältnis

Frank Wukasch: Entwicklung eines numerischen Simulationsprogramms des Antriebssystems einer Trägerrakete mit gebündelten Triebwerken

OTRAG 79 Prospekt

Süddeutsche Zeitung 18.9.1998 S. 3, Walter Guthermuth "In Afrika starten deutsche 'Billig' Raketen"

OMNI Magazin, Juni 1981

Harro Zimmer, "Aufbruch in den Weltraum", Safari Verlag 1979

Space World, August/September 1978

Space World, Januar 1979

Peter Always, Rockets of the World, 2.nd Edition 1996

Kenneth Gatland: "Illustrated Encyclopedia of Space Technology", 1980

James E. Oberg, "The Sky's No Limit to Disinformation", "AIR FORCE magazine, Vol 69. März 1986 S. 52-56

52.stes Afrika Wirtschaftsforum

Peenemünde in Nahost

Space Digest V2 Nr.73

L5 News Februar 1978

L5 News April 1979

OTRAG Artikel auf www.astronautix.com

Kayser Artikel auf www.astronautix.com

Libyan Missiles

Informationsstelle Wissenschaft & Frieden Dossier Nr. 8 Die heimliche Raketenmacht

Flug Revue 9/1978 Gottfried Hilscher "Rakete aus dem Baukasten"

Ein Steuerparadies in Hessen: http://www.zeit.de/1985/09/ein-steuerparadies-in-hessen

Otrag-Raketen für Syrien?, Die Zeit Ausgabe 20, 1979

Raketen für Afrika, Die Zeit, Ausgabe 32, 2008

Extravaganzen mit Gaddafi, Der Spiegel 45/1981

Dann wäre Deutschland führend in der Welt, Der Spiegel 33/1978

Zwischen den Fronten des kalten Krieges: Frankfurter Allgemeine Sonntagszeitung Nr. 36 12.9.2010

Ein schwäbisches Himmelfahrtskommando: Stuttgarter Zeitung Nr. 148 30.6.2007

Das CSG

Frankreich betrieb zum Entwicklungsbeginn der Diamant ein Startgelände bei Colomb-Béchar auf der Militärbasis Hammaguir in der algerischen Wüste. Dort fanden die Starts der Véronique Höhenforschungsraketen statt. Es gab vier Startrampen: Blandine, Bacchus, Béatrice und Brigitte. Von der Brigitte aus fanden auch die Starts der Diamant A und ihrer Vorläufermodelle der Edelstein-Serie statt.

Doch mit der Unabhängigkeit Algeriens im Jahr 1962 war die Zeit des Stützpunktes Hammaguir abgelaufen. Bis zum Juli 1967 musste das Militärgelände bei Colomb-Béchar an Algerien übergeben werden. Das führte dazu, dass die Diamant A zum Schluss im Wochenabstand startete, um die noch ausstehenden Starts zu bewältigen. Frankreich benötigte nun eine neue Startbasis.

Zuerst dachte die Regierung an Starts von der französischen Mittelmeerküste aus, von Biscarosse oder Le Bacares. Doch bei der Prüfung dieser Örtlichkeiten zeigte sich, dass Starts von dort aus über dicht besiedeltes Gebiet geführt hätten. Außerdem hätten sie nach Westen erfolgen müssen – gegen die Erdrotation. Beim Start nach Osten hätte eine Rakete Italien, Jugoslawien und einige dicht besiedelte Ostblockstaaten überflogen, was der französischen Regierung als zu riskant erschien. Die Geschwindigkeit der Erdrotation beträgt am Äquator 463 m/s. Um diesen Betrag erniedrigt sich der Geschwindigkeitsbedarf einer Rakete in eine Erdumlaufbahn, wenn sie nach Osten startet. Er erhöht sich aber um denselben Betrag, wenn in westliche Richtung gestartet wird.

Es gibt deshalb international nur ein einziges Startzentrum, von dem aus in Richtung Westen gestartet wird: Israel startet in Ermangelung einer Alternative seine Flugkörper von Palmachim aus nach Westen übers Mittelmeer, weil wegen der politischen Spannungen zwischen Israel und Syrien kein Start in östlicher Richtung möglich ist. Als Folge muss die Rakete eine um 9% höhere Geschwindigkeit erreichen, was die Nutzlast stark absenkt.

Frankreich legte im Jahr 1963 folgende Kriterien fest, die ein Startplatz erfüllen musste:

- Politische Stabilität
- Nähe zum Äquator (um die Erdrotation voll auszunutzen)
- Geringe Bevölkerungsdichte
- Tiefer Seehafen vorhanden
- Flugplatz vorhanden
- Nähe zu Europa

Insgesamt 14 Territorien kamen in eine erste Auswahl. Es waren die Seychellen, Trinidad, Nuku Hiva und Tuamotu in Französisch-Polynesien, Désirade in Guadeloupe, Djibouti in Französisch-Somalia, Kourou in Französisch-Guayana, Darwin in Australien, Tricomalee im damaligen Ceylon, Fort Dauphin in Madagaskar, Mogadischu in Somalia, Port Etienne in Mauretanien und Belem in Brasilien.

Diese zunächst große Auswahl reduzierte sich bei Anwendung der Kriterien rasch. Viele der Standorte wurden als politisch instabil eingeordnet, andere hatten keinen Seehafen oder Flugplatz in der näheren Umgebung oder die notwendigen Investitionen in die Infrastruktur wären zu hoch gewesen. Einige waren zu weit entfernt von Europa. Darwin war außerdem gefährdet durch Wirbelstürme, und Tuamotu hatte kein Trinkwasser in ausreichender Menge. Eine Empfehlung bekamen die Standorte Kourou, Darwin, Belem, Tuamotu und Trinidad. Aus ihnen wurde am 14. April 1964 Kourou ausgewählt. Von allen Kandidaten bot es die besten Voraussetzungen.

Kourou ist eine Hafenstadt am Atlantik in Französisch-Guyana im Nordosten von Südamerika. Es war durchaus nicht der ideale Startplatz. Der Seehafen musste ausgebaut

Abbildung 66: Die Startanlagen des CSG vom Satelliten aus gesehen
© des Bildes Microsoft/Virtual Earth

werden, und die hohe Luftfeuchtigkeit wurde als Problem angesehen. Aber es lag geografisch günstig und war kaum bevölkert. Auf einer Fläche von 90.000 km² lebten 1964 nur 45.000 Einwohner. Bis zum Jahr 2008 erhöhte sich die Einwohnerzahl auf 216.000, auch bedingt durch das Raumfahrtzentrum und den dadurch entstandenen, wirtschaftlichen Aufschwung. Französisch Guyana ist ein Übersee-Departement. Das bedeutet das Gebiet gehört politisch zu Frankreich und hat auch Vertreter im französischen Parlament, liegt jedoch außerhalb von Frankreich. Es sind im Prinzip ehemalige Kolonien, die darauf verzichteten unabhängig zu werden, weil hohe Transferzahlungen seitens Frankreich und der EU den Lebensstandard erheblich über den der Nachbarregionen angehoben haben. Französisch Guyana ist das flächengrößte Übersee-Department.

So schien die Entscheidung bereits gefallen zu sein, als Roussillon in der französischen Provence ins Spiel gebracht wurde. Dieser Standort sollte deutlich billiger als das Übersee-Departement sein. Für Roussillon beliefen sich die Kosten auf 15 Millionen Euro Investitionen und 2,3 Millionen Euro jährliche Betriebskosten, während für Kourou 40 Millionen Investitionskosten und 6,9 Millionen Euro Unterhalt pro Jahr aufzubringen waren. Aber Roussillon war nicht geeignet für große Raketen, es lag zu weit nördlich, und es lag in einer dicht besiedelten Region.

So wanderte die Entscheidung bis an höchste Stelle, und Ministerpräsident Pompidou entschied sich schließlich für Kourou.

Im Jahr 1966 erhielt der Aufbau einer Startbasis in Kourou einen weiteren Anschub. Die ELDO entschied, mit der Europa-II nach Kourou umzuziehen und 40% der Investitionskosten zu übernehmen. Damit stand der ELDO ein am Äquator bei 5,14 Grad nördlicher Breite gelegenes Startgelände mit ausreichendem Platzangebot zur Verfügung. Eine Fläche von 1.000 km² wurde nur für die Startbasis reserviert. Starts konnten sowohl zum Äquator als auch zum Pol hin erfolgen, in jeder Richtung über mindestens 3.000 km offenes Meer. Lange Zeit war Kourou nicht nur das einzige Startzentrum so nahe am Äquator, sondern auch das Einzige, mit dem Satelliten in jeden Orbit transportiert werden konnten.

Installationen für die Diamant

Die Startbasis **C**entre **S**patial **G**uyanais (CSG) liegt etwa 18 km von Kourou entfernt. Über diese Hafenstadt finden alle Transporte per Schiff statt. Die Transporte von Satelliten erfolgen meist durch Flugzeuge, welche 60 km südwestlich in Cayenne landen, der Hauptstadt von Französisch-Guayana. Kourou ist durch das CSG zur drittgrößten Stadt in Französisch-Guayana geworden. 1964 hatte die Stadt noch 640 Einwohner, und im Jahre 2008 waren es bereits 26.000, wovon 1.500 direkt im CSG arbeiten. Die Diamant war nicht die erste Rakete, die vom CSG aus startete, schon 1964 startete eine Veronique-Höhenforschungsrakete vom CSG aus. Zweitweise wurden vom CSG aus über 50 Höhenforschungsraketen pro Jahr gestartet.

Schon für die Starts der Diamant wurde der Hafen von Kourou erweitert. Die Landebahn des Rochambeau Flugplatzes in Cayenne musste verlängert werden, damit auch Großflugzeuge landen konnten. Zur medizinischen Versorgung des Personals der Startbasis entstand bei Kourou eine eigene Klinik.

Abbildung 67: Das CSG mit der Startrampe der Diamant in den 70 er Jahren

Beim Einsatz der Diamant richtete sich das CSG nach dem lokalen Klima und startete Satelliten nur in der Trockenperiode von März bis Mai und September bis Dezember. Das Klima ist in Guayana tropisch. Es gibt aber keine Wirbelstürme, und die Winde überschreiten selten 80 km/h Spitzengeschwindigkeit. Das Hauptproblem besteht in der hohen Luftfeuchtigkeit von 80 bis 90% im Mittel und der Niederschlagsmenge von rund 3.000 mm pro Jahr (Deutschland: 500 bis 1.300 mm/Jahr).

Neben der Startrampe für die Diamant entstanden in unmittelbarer Nähe noch drei kleine Startplätze für Höhenforschungsraketen des Typs Véronique. Als Weltraumzentrum eingeweiht wurde es im Jahr 1969. Auffällig an dem Startkomplex der Diamant war die räumliche Nähe der Montagegebäude zur Startrampe. Die Abbildung 68 auf Seite 139 informiert über die Installationen:

1. Das Blockhaus war der Bunker für das Personal, das an der Startrampe arbeitete. Es befand sich nur 120 m von der Startrampe entfernt und war gegen die Folgen einer Explosion mit einem Überdruck von 0,7 bar gesichert. Ein 1,2 m hoher Sandwall umgab das Gebäude.
2. Büros und Ruheräume
3. Energieversorgung, Lagerung von Material und Spezialteilen
4. Montagehalle für die erste Stufe, inklusive eines Laufkrans mit einer Tragfähigkeit von 30 t und Werkstätten. Das Gebäude war voll klimatisiert.
5. Mauerabschluss zum Schutz gegen Explosionen und die Flammen beim Start. Die Mauer war 10 m hoch, 50 cm dick und hielt einem Druck von 5 t/m² stand.
6. Analoge und elektronische Geräte
7. Lagerung von Flüssigkeiten und Gasen (Freon, Druckluft und Stickstoff)
8. Mobiles Montagegebäude von 6,5 m Höhe, 7,6 m Breite und 18,8 m Länge. Es wurde nach Fertigstellung der ersten Stufe zur Seite gefahren.
9. Schienenweg
10. Starttisch mit Flammendeflektor
11. Diamant B
12. Nabelschnurmast von 27 m Höhe.
13. Mobiler Montageturm von 34 m Höhe und 10,3 m Breite. Die gesamte Konstruktion wog 305 t, verfügte über verschiedene Zugangsebenen und war klimatisiert. Ein Laufkran erreichte bis zu 30,5 m Höhe. Das Montagegebäude wurde nach Abschluss der Arbeiten vor dem Start mit 5 m / min vor dem Start zurückgefahren.
14. Schienenweg (8,9 m Breite, 50 m Distanz zur Startrampe)
15. Lagerhalle für Pyrotechnik

Nach dem letzten Diamant Flug wurde das Startgelände 1976 aufgegeben. Von da an diente es als Quartier für die Fremdenlegion. Im Jahr 1998 wurde es reaktiviert und zeitweise als Lagerplatz genutzt. Dort lagerten unter anderem die geborgenen PAP-Booster der Ariane 4 Starts und Sondermüll des CSG und der Industrie in einer Größenordnung von etwa 360 t/Jahr. Bis 2002 wurde es für diesem Zweck genutzt. Vom CSG aus starteten vom 10.3.1970 bis zum 27.9.1975 fünf Diamant B und drei Diamant BP.4.

Zu der Startzone ZL (**Z**one de **L**ancement) gehörte auch die Missionskontrolle, welche sich, wie die anderen technischen Anlagen und Verwaltungsgebäude, südlich der Startrampe befand. Seit 1968 diente das Jupiter-Kontrollzentrum diesem Zweck. Die Mannschaft im „Bunker", unmittelbar neben der Startrampe hatte die Aufgabe, die Rakete und die Durchführung des Countdowns zu überwachen. Mit dem Abheben der Diamant war ihre Aufgabe erfüllt. Danach übernahm die Missionskontrolle die Überwachung des Fluges. Sie war gleichzeitig auch für den Start als Ganzes zuständig. Ehe der Start erfolgen konnte, musste eine Vielzahl von anderen Stellen ihr Einverständnis geben. Dazu gehörten zum Beispiel Meteorologen (Wetterbedingungen, Höhenwinde), Telemetriestationen entlang der Bahn, Bahnverfolgungsstationen (optisch und Radar) und auch die Ingenieure der Kunden, welche die Nutzlast überwachten. Das Jupiter-Kontrollzentrum wurde sehr lange genutzt. Erst Ende 1995 wurde es durch Jupiter-2 abgelöst. Es war für die Diamant, Europa und Ariane 1 bis 4 zuständig gewesen.

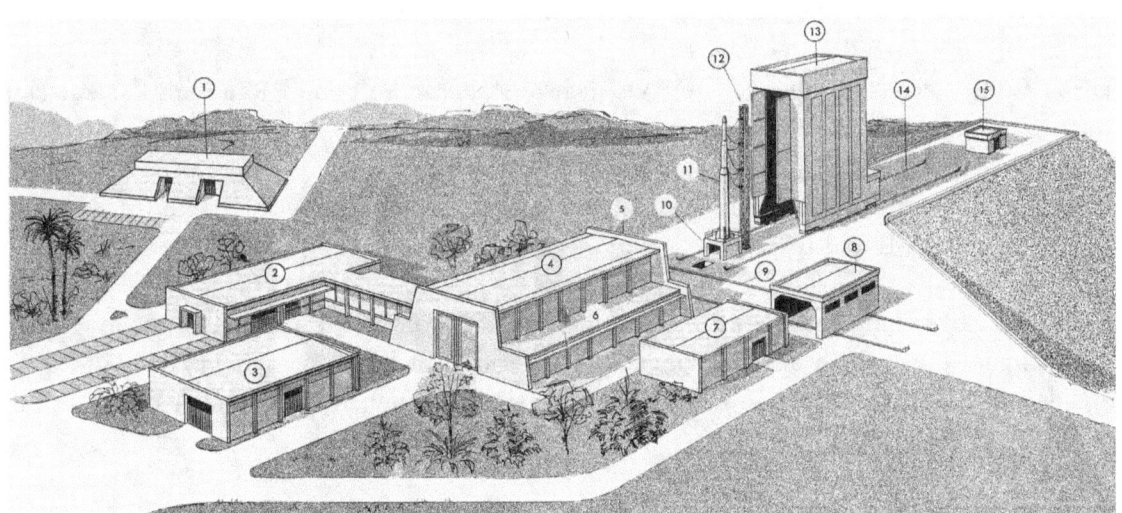

Abbildung 68: Diamant B+BP.4 Startgelände in Kourou

Abkürzungsverzeichnis

Apogäum: erdfernster Punkt einer Umlaufbahn.

ASAT: Arbeitsgemeinschaft Satellitenträger. Verantwortlich für die Astris Oberstufe. ASAT bestand wiederum aus den Firmen ERNO und MBB.

CFK: Carbon Fiber Komposit: Technologie, die aus Matten von Kohlefasern in einer Matrix aus Kunststoff einen Verbundwerkstoff herstellt, der sehr leicht, aber trotzdem sehr belastbar ist. Zahlreiche strukturelle Teile die nicht tiefen Temperaturen ausgesetzt sind werden heute auch bei Trägerraketen aus CFK Werkstoffen hergestellt und dadurch leichter als analoge Bauteile aus Aluminium. CFK Werkstoffe haben die glasfaserverstärkten Kunststoffe (GFK) als Vorgängertechnologie vollständig ersetzt.

CNES: Centre National d'Études Spatiales: Die französische Weltraumagentur.

CPU: Central Processing Unit: Abkürzung für den Hauptprozessor eines Computers. Ältere Rechner haben oft auch zusätzliche Prozessoren für andere Aufgaben an Bord wie die FPU (Floating Processing Unit) für schnelle Gleitpunktberechnungen. Sie sind bei heutigen Prozessoren integriert.

CRPM: Common Rocket Propulsion Modules: Bezeichnung für die einzelnen Module der OTRAG Rakete bestehend aus einem Triebwerk mit dem Tank.

CSG: Centre Spatial Guyanais: Der europäische Weltraumbahnhof in Französisch-Guyana, nahe am Äquator. Von hier aus werden Ariane und Vega gestartet.

DFVLR: Deutsche Forschungs- und Versuchsanstalt für Luft- und Raumfahrt: Deutsche Raumfahrtagentur bis 1989.

ELDO: European Launcher Development Organisation: Die ELDO entwickelte von 1961 bis 1972 die Europa I, II und III.

ERNO: Entwicklungsring Nord: Zusammenschluss von Flugzeugherstellern in Norddeutschland, um gemeinsam als eigenständige Firma mit mehr Kompetenz bei Aufträgen aus dem Bereich Raumfahrt in Erscheinung treten zu können. 1982 fusionierte ERNO mit MBB zu MBB/ERNO.

ESA: European Space Agency: Die europäische Raumfahrtagentur.

GEO: Geosynchronos Earth Orbit: Eine kreisförmige Bahn in 35.887 km Höhe über dem Äquator. Hier beträgt die Umlaufzeit 24 Stunden. Da sich die Erde ebenfalls in 24 Stunden um ihre Achse dreht, nimmt ein Satellit von der Erde aus eine konstante Position ein. Eine Antenne muss nicht der Bewegung des Satelliten nachgeführt werden. Daher befinden sich in diesem Orbit die meisten Kommunikationssatelliten.

GTO: Geosynchronos Transferorbit: Eine Bahn mit einem erdnächsten Punkt von typischerweise 185-600 km höhen und einem erdfernsten Punkt von 35887 km. Im erdfernsten Punkt muss ein Satellit durch einen eigenen Antrieb nochmals Geschwindigkeit aufnehmen, um zu einem geostationären Satelliten zu werden.

Hydrazin: Giftige Stickstoffverbindung und Basis für die methylierten Hydrazine MMH und UDMH. Hydrazin kann durch Katalysatoren und Hitze gespalten werden. Es zerfällt unter Energieabgabe in Stickstoff und Wasserstoff und kann so als niederenergetischer Treibstoff genutzt werden. Ariane 5 und das AVUM nutzen Hydrazin als Treibstoff für die Rollachsensteuerung und für die Dreiachsenregelung der letzten Stufe. Hydrazin hat eine Dichte von 1,01 g/cm³.

HTP: High Test Peroxide: Hoch konzentriertes (85%) Wasserstoffperoxid, das als Oxydator in der Black Arrow verwendet wurde,

HTPB (Hydroxyterminiertes Polybutadien): der Binder, mit dem bei modernen Feststofftriebwerken Verbrennungsträger und Oxidator gebunden werden.

Kavitation ist die Bildung und Auflösung von Hohlräumen in Flüssigkeiten durch Druckschwankungen. Sie ist eine Ursache für den POGO-Effekt und kann in den Treibstoffleitungen auftreten.

LEO: Low Earth Orbit: Erdnaher Orbit, in dem die Nutzlast einer Trägerrakete maximal wird. Ein typischer LEO hat eine Bahnhöhe von 180 bis 250 km und die Bahnneigung entspricht dem geographischen Breitengrad des Startorts.

LH2: flüssiger Wasserstoff mit einer Temperatur von -253 °C. Seine Dichte beträgt 0,069 g/cm³. Wasserstoff liefert bei der Verbrennung mit Sauerstoff oder Fluor sehr viel Energie und damit die höchsten bekannten spezifischen Impulse.

LOX: flüssiger Sauerstoff mit einer Temperatur von -183 °C. Seine Dichte beträgt 1,141 g/cm². Flüssiger Sauerstoff ist ein sehr verbreiteter Oxidator in der Raketentechnik. LOX wird mit flüssigem Wasserstoff oder Kerosin verbrannt.

MAU: Million Accounting Units: Interne Recheneinheit der ESA für eine Währung basierend auf dem nach Anteil der Nationen gewichteten Wechselkurs. Mit geringen Schwankungen entspricht ihr Wert in etwa dem Euro.

MBB: Messerschmidt-Bölkow-Blohm: Luft & Raumfahrtfirma, vor der Fusion mit ERNO verantwortlich für die Triebwerke der Astris und deren elektrisches System. Später erhielt MBB den Auftrag die Brennkammer der dritten Stufe der Ariane zu entwickeln. Auf Patenten von MBB basiert das Antriebskonzept der Space Shuttle Haupttriebwerke.

MMH: Monomethylhydrazin: Ein sehr oft verwendeter Raketentreibstoff. Er wird oft mit Stickstofftetroxid oder Salpetersäure als Treibstoffmischung verwendet. MMH ist zwischen -52 und +87°C flüssig und hat eine Dichte von 0,88 g/cm³.

NASA: National Aeronautics and Space Agency: Die Raumfahrtbehörde der USA.

NTO: Amerikanische Abkürzung für Stickstofftetroxid: NTO ist ein lagerfähiger Oxidator, der zusammen mit Hydrazinen selbst entzündliche Gemische bildet. Beide Eigenschaften sind ideal für Antriebssysteme, die über Monate und Jahre hinweg betrieben werden müssen. NTO hat eine Dichte von 1,45 g/cm³ und ist zwischen -11 und 21 °C flüssig. Die EPS Stufe und das AVUM nutzen NTO als Oxidator.

OBC: OnBoard Computer: Die Abkürzung für den Rechner der Ariane 5 und Vega.

OTRAG: Orbitale Transport und Raketen Aktiengesellschaft. Privatwirtschaftliches Unternehmen, das von 1976 bis 1982 die OTRAG-Rakete entwickelte.

PAM: Payload Assistant Module. 1982 eingeführte Oberstufe auf Basis des Star 48 Antriebs. Ursprünglich gedacht 1100 kg (Delta 3900 Nutzlast) bei Space shuttle Transporten von einem LEO in den GTO zu transportieren, wurde die PAM später vor allem als Oberstufe der Delta eingesetzt.

Perigäum: erdnächster Punkt einer Umlaufbahn.

POGO: Abkürzung von „Pogo stick": einem Springstock. Gefürchtete Schwingungen in Achse des Schubs, die zum Abreißen des Treibstoffflusses und zum Ausfall von Triebwerken führen können. Ursache ist kurzzeitiger Überdruck in der Brennkammer (z.B. Verbrennungsinstabilität), welcher den Druck in den Treibstoffleitungen ansteigen lässt und damit die Treibstoffförderung vermindert. In der Folge sinkt der Brennkammerdruck. Wenn dieser Zyklus die Resonanzfrequenz der Rakete trifft, findet positive Rückkopplung und damit eine Verstärkung des Effekts statt.

RAE: Royal Aircraft Establishment: britische halbstaatliche Organisation, welche die Black Arrow Trägerrakete entwickelte.

SEP: Société Européenne de Propulsion. Staatliche Entwicklungsfirma, welche die meisten Triebwerke, die bei Ariane 1-5 eingesetzt wurden, entwickelte.

SEREB: Société pour l'étude et la réalisation d'engins balistiques. Französische Organisation, die verantwortlich für die Entwicklung der ballistischen Atomraketen Frankreichs war. Die SEREB entwickelte die Diamant A und gab dann das Projekt an die CNES.

Spezifischer Impuls: ein Maß für den nutzbaren Energiegehalt eines Treibstoffs und die Effizienz eines Antriebs. Im SI-System wird dazu die Ausströmungsgeschwindigkeit der Gase genommen, wenn sie die Düse verlassen. In den USA wird der Wert durch die Erdbeschleunigung geteilt, und es wird eine Zeit als Dimension erhalten.

SSO: Sun-synchronous Orbit: Eine Umlaufbahn mit einer Bahnneigung über 90 Grad in einer Höhe von 600 bis 1.200 km. Ein Satellit auf dieser Umlaufbahn bewegt sich pro Umlauf um den gleichen Betrag rückwärts im Raum wie sich die Erde durch die Rotation um die Sonne vorwärts bewegt. Als Folge passiert er einen Punkt auf der Erde immer zur gleichen Ortszeit, und das fotografierte Gebiet wird unter konstanten Lichtbedingungen und identischem Schattenstand fotografiert. Daher werden vor allem Erderkundungssatelliten in einen SSO-Orbit gestartet.

TVC: Thrust Vector Control System: Bezeichnung für ein System, mit dem die Schubrichtung eines Triebwerks verändert werden kann.

UDMH: Unsymmetrisches Dimethylhydrazin: Ein Hydrazinderivat, welches wie MMH zusammen mit NTO als Treibstoffkombination eingesetzt wird. Die Dichte von UDMH beträgt 0,78 g/cm³.

www.ingramcontent.com/pod-product-compliance
Lightning Source LLC
Chambersburg PA
CBHW082206220526
45470CB00010B/3060